현서네 유튜브 영어 학습법

36개월부터 영어를 모국어처럼 습득하는
현서네 유튜브 영어 학습법

지은이 배성기
펴낸이 임상진
펴낸곳 (주)넥서스

초판 1쇄 발행 2020년 12월 4일
초판 23쇄 발행 2024년 4월 20일

출판신고 1992년 4월 3일 제311-2002-2호
주소 10880 경기도 파주시 지목로 5
전화 (02)330-5500 팩스 (02)330-5555
ISBN 979-11-91209-02-0 13590

www.nexusbook.com

36개월부터 영어를 모국어처럼 습득하는

하루 1시간 현서네 유튜브 영어 학습법

배성기 지음

넥서스

코로나 이후,
새로운 미래 교육의 시작

2020년 전 세계는 코로나 팬데믹(Pandemic)으로 인해 큰 고통을 받았다. 특히 아이들을 학교에 보낼 수 없었던 부모들이 큰 피해를 입었으며, 실생활에서 체감하는 문제는 훨씬 더 심각했다. 학기 초에 원격 수업으로 전환될 때만 해도 곧 다시 학교로 돌아갈 수 있을 거라고 기대했지만 여전히 언제 정상적인 수업이 가능할지 알 수 없는 상황이다.

현서는 아직 저학년이고, 사교육의 의존도가 낮아 학습에 대한 누수가 크지 않았고 일상생활에도 큰 지장이 있지는 않았다. 하지만 비교적 사교육 의존도가 높은 초등 고학년이나 중고등학생의 경우 학교에 가지 못하고 학원 수업도 제대로 이루어지지 않으면서 학생들 간의 교육 격차가 커질 것으로 우려하고 있다. 미국의 대표적인 컨설팅 회사인 맥킨지(McKinsey & Company)에서 지난 6월 발표한 보고서에 따르면 미국 취약 계층 가정의 학생들 중 60%만이 정기적으로 온라인 원격 수업에 참여하고 있으며, 이로 인해 약 7개월 정도 학업의 누수가 발생할 것으로 예측하고 있다. 이 학생들은 원활한 인터넷 접속이 어렵고, 다자녀인 경우 학습에 집중할 수 있는 공간과 기기를 확보하기도 어려운 형편이다. 환경이 이렇다 보니 제대로 된 원격 수업을 받을 수 없어 교육 격차는 더 커지고, 미래 소득 수준과 국가의 경쟁력에도 심각한 타격을 줄 것이다.

우리나라는 인터넷이나 IT 인프라가 잘 갖추어져 있고 교육 기관과 기업들이 비교적 발 빠르게 대응하여 최악의 교육 대란은 막았다고 하지만, 입시를 고민하는 학부모들의 우려는 결코 미국의 부모들에 비해 적다고 할 수 없다. 또한 느닷없이 원격 수업을 시작하게 된 일부 저학년 학생들은 제대로 된 정보 통신 윤리 교육도 받지 못했다. 온라인에서 활동하는 시간이 늘다 보니 개인 정보가 노출되거나 부적절한 콘텐츠에 노출될 확률도 높아졌지만, 이에 대한 대비는 되어 있지 않았던 것이다. 이런 상태가 장기화될 것이라는 생각은 못했기 때문에 생활도 불규칙해졌다. 학교도 갈 수 없고, 외출도 자제하다 보니 운동량은 급감했고, 종일 같은 공간에서 시간을 보내야 하는 아이와 학부모의 정신적인 스트레스도 날로 커져만 갔다. 도대체 언제까지 이런 일상을 보내야 하는지 불안감이 커진 것이다.

모든 가정이 어려움을 겪고 있는 시기이긴 하지만 각 가정마다 느끼는 어려움의 정도와 종류가 모두 같지는 않을 것이다. 초등학교 2학년인 현서가 받는 사교육은 피아노가 유일했다. 동네 스포츠센터에서 주 3회 받던 수영 수업도 없어지다 보니 엄마와 집에서 보내야 하는 시간이 훨씬 늘었다. 하지만 평소 집에서 그림 그리기, 글쓰기, 만들기 등 다양한 활동을 하고 온라인으로도 이것저것 배우는 것이 많았던 현서의 일상은 거의 변화가 없었다. 오히려 자신이 정말 하고 싶었던 활동에 집중할 시간이 더 많아져서 새로운 일상을 더 좋아하기도 했다. 코로나가 발생하기 훨씬 전부터 이미 엄마, 아빠와 집에서 다양한 놀이를 통해 학습을 해 오다 보니 정상적인 학교 수업이나 학원 수업이 어려운 상황이 되었어도 큰 타격을 입지 않았다. 현서네가 현서의 관심사에 집중해 오랜 기간 사교육 없이 홈스쿨링에 가까운 교육을 해 오고 있었던 덕분이다.

학원 한 번 가지 않았지만 원어민처럼 영어로 말하는 현서. 이 비법의 핵심은 '모국어 배우듯, 즐겁게 꾸준히'다. 그러기 위해서는 충분한 영어 노출만 시키면 된다. 여기까진 누구나 알고 있고 이미 집이나 유치원, 학원 등에서 영어 노출을 시키는 경우도 많을 것이다. 하지만 여기서 가장 중요한 점은 '모국어를 배울 때처럼' 노출을 시키고 있느냐 하는 것이다. 우리말 노출은 집에서 엄마, 아빠나 주변 사람들 또는 TV를 통해 주로 이루어진다. 수없이 듣고 따라 말하기를 반복하며 아주 느리게 조금씩 습득하게 된다. 하지만 그동안 영어 노출은 이렇게 할 수 없었다. 엄마, 아빠가 영어를 못하는 가정이 대부분이고 적당한 영상을 구하는 것도 결코 쉽지 않았기 때문이다. 영어 그림책이 훌륭한 대안이 될 수 있지만, 우리말도 듣기와 말하기를 먼저 배우고 나서 읽기와 쓰기를 배우는데 영어는 읽기, 쓰기를 먼저 가르치는 격이 된다. 심지어 한글도 모르는 아이들에게 말이다. 이는 그동안 우리말을 자연스럽게 배운 방법과는 거리가 멀다. 현서네가 다른 가정과 달랐던 점은, 모국어를 배우는 것처럼 영상으로 먼저 듣기를 충분히 해 준 것뿐이다.

이제는 집에서도 얼마든지 영어 노출 환경을 만들 수 있게 되었다. 유튜브나 넷플릭스에 있는 교육적이면서 재미있는 영상들을 활용하는 것이다. 아이의 취향에 맞는 영상을 찾아 꾸준히 보여 주기만 해도 영미권 국가에 사는 것과 다름없는 환경을 만들 수 있다. 그런데 아직도 이를 활용하지 못하는 엄마들이 많다. 너무 이른 시기에 미디어에 노출하는 것에 대한 두려움 때문이다. 우리라고 그런 고민이 없었을까? 그럼에도 불구하고 영상을 통한 노출이 최선이라는 확신이 있었기에 가능했다.

이렇게 두려움 없이 미디어와 영상 노출을 적극적으로 시킬 수 있었던 것은 내가 영어 교육 산업에 종사하면서 항상 교육에 관심을 가졌기 때문이다. 학교에서는 아직도 책 위주의 정적인 학습을 한다. 하지만 책 속의 지식을 머리에 잘 넣은 학생이 인재로 인정받던 시대는 이미 오래전에 끝났다. 온라인에 있는 무한한 정보를 찾아 이해하고, 이를 나에게 당면한 문제를 해결하기 위해 어떻게 활용할 것인지 아는 능력이 훨씬 더 중요한 시대로 변해 가고 있다.

코로나 이후에 모든 것이 바뀌었다. 우리나라 거의 모든 대학의 강의가 온라인으로 전환되고 있다. 우리나라 최고의 공과대학인 카이스트에서도 온라인 강의로 전환하려고 7년 동안 노력했지만 전환율은 겨우 8%에 지나지 않았다고 한다. 그런데 코로나 이후 모든 강의가 온라인으로 전환되는 급격한 변화를 겪었다. 이제는 학교에 가지 않고 온라인으로 하는 비대면 수업이 일상이 되었다. 코로나가 미래 교육으로의 변화를 15~20년 강제로 앞당긴 것이다. 이런 시기에 비대면 학습으로 영어를 원어민처럼 구사하게 된 현서네 방법은 현실적이고 실용적인 방법으로 다가올 것이다.

이 책에서 소개하는 현서네 비법도 하나의 성공 사례일 뿐, 엄마들이 무조건 따라야 하는 지침서와 같은 것은 아니다. 현서의 사례가 지나치게 많다고 느낄 수도 있지만 이는 현서가 어떤 아이인지 최대한 알려 드리려는 의도이니, 잘 참고하여 아이에게 맞는 최적의 방법을 찾길 바란다. 가장 중요한 건 엄마들이 다양한 성공 사례를 보고 아이에게 가장 잘 맞는 방법을 찾을 때까지 이런저런 방법을 아이와 함께 해 보는 것이다. 아무쪼록 책에 소개된 현서네 방법을 통해 많은 아이들이 영어를 좀 더 즐겁고 쉽게 체득할 수 있기를 바란다.

이 책에서 소개하는 사례는 그에 해당하는 현서의 영상을 스마트폰으로 볼 수 있다. 책에 있는 QR코드를 스마트폰의 카메라로 스캔하면 자동으로 현서네 인스타그램이나 유튜브에 있는 해당 영상이 재생된다. 영상을 보면 책에서 전달하고자 하는 바를 훨씬 잘 이해할 수 있을 것이다.

이 책은 크게 6개의 장으로 이루어져 있다. 1장은 왜 집에서 엄마표 영어를 시작해야 하는지에 대한 것이다. 아직 엄마표 영어를 잘 모르는 초보 엄마들이라면 1장부터 읽을 것을 권한다. 바로 적용할 수 있는 비법이 궁금하다면 2장부터 시작해도 좋다. 2장은 영상으로 영어 노출 환경을 만들어 모국어처럼 체득하도록 하는 현서네 영어 학습 방법의 구체적인 과정에 대한 것이고, 3장에서는 실제 현서가 봤던 영상과 교육적이면서 재미있는 유튜브 채널 리스트, 그리고 이를 활용하는 구체적인 방법들을 담았다. 4장은 영상을 보여 줄 때 주의할 점과 가장 효과적인 영상 학습법, 엄마표 영어 진행 시 엄마, 아빠의 역할이 얼마나 중요한지에 대한 것이다.

5장에서는 영어 교육보다 더 중요한 독서와 자존감에 대한 이야기이다. 현서의 당당하고 자신감 넘치는 모습이 어떤 과정을 통해 이루어진 것인지 지난 7년 동안의 주요 활동들을 소개하며 정리했다. 마지막 6장은 미래 인재에 대한 이야기이다. 앞으로 세상이 어떻게 변하고 우리 아이들이 살아갈 때는 어떤 인재상을 필요로 하는지 정리하였다.

목차

7년 동안 멀쩡히 잘 다니던 회사를 그만두고
사랑하는 두 살배기 딸과 아내를 남겨 두고 홀로 오른
영국 유학길은 참 무겁고 외로웠다.
어릴 때 꿈도 선생님이었고 항상 교육 분야에 관심이 많았지만
교육을 학문으로 배운 적이 없던 나는
미래 교육에 대해서는 전문가가 되고 싶었다.

.
.
.

1장

처음 시작하는
아빠표 영어

아빠표 영어의 시작

현재의 인재가 아닌 미래의 인재로

7년 동안 멀쩡히 잘 다니던 회사를 그만두고 사랑하는 두 살배기 딸과 아내를 남겨 두고 홀로 오른 영국 유학길은 참 무겁고 외로웠다. 어릴 때 꿈도 선생님이었고 항상 교육 분야에 관심이 많았지만 교육을 학문으로 배운 적이 없던 나는 미래 교육에 대해서는 전문가가 되고 싶었다.

유학을 준비한 기간만 1년. 원하는 과정이 있는 학교를 알아보고, 입학에 필요한 서류와 추천서를 준비하고, 영어 점수를 얻기 위해 학원도 몇 개월은 다녀야 했다. 그렇게 영국의 한 대학교에 입학을 하고 혼자 오른 유학길. 컴퓨터공학을 전공하고 대학을 졸업

한 지 10년이 된 30대 후반의 아저씨가 젊은 친구들과 섞여 인문학 석사 과정을 밟는 것은 그리 만만한 일이 아니었다. 두 학기 동안 모든 과제는 에세이로 제출해야 했고 마지막 학기에는 3만 자짜리 논문을 써야 학위를 받을 수 있었다. 평생 제대로 된 글을 한 번도 써 본 적 없는 공대 출신 아저씨가 제대로 과정을 마칠 수 있을지 두렵기도 했다. 가족의 미래를 위해 알뜰살뜰 저축했던 돈과 1년이라는 시간을 투자해서 준비한 유학 생활이었기에, 매일매일 미안한 마음과 커다란 책임감에 정말 죽기 살기로 공부할 수밖에 없었다. 한순간도 허투루 보낼 수 없었다. 그렇게 조금의 후회도 없을 만큼 열심히 공부한 덕분에 성공적으로 석사 과정을 마칠 수 있었다. 그렇다고 1년의 영국 유학에서 얻은 것이 놀랍도록 새로운 지식이나 화려한 인적 네트워크는 아니었다. 유학을 마치고 회사 생활을 다시 시작한 후에도 인생이 드라마틱하게 달라진 것은 아니었다. 하지만 7년이 지난 지금, 다시 선택의 기로에 선다면 난 주저 없이 같은 길을 택할 것이다.

시간이 흐르고 최근에 벌어지는 일들을 보고 있으면, 그 1년이 내 아이가 자라 활동을 하게 되는 20년 후의 세상에 대비하기 위해서 필요한 역량에 대해 큰 그림을 그릴 수 있는 정말 귀한 시간이었다는 생각이 든다. 그때 피부로 느낀 물결과 경험이 지금의 우리 집 교육 가치와 방향의 든든한 뿌리가 되었고, 그 덕분에 현서가 9살이 된 지금까지도 흔들림 없이 아빠표 영어와 미래 인재로 키우는 교육을 실천할 수 있게 되었다.

그렇다고 현서의 영어 교육 방법이 거창하거나 획기적인 것은 아니다. 다만 우리 아이가 변화하는 시대에 잘 적응할 수 있고, 미래의 인재상에 부합하도록 준비하는 방법인 것은 분명하다. 이 책에서 앞으로 소개할 내용과 '현서 아빠표 영어' 인스타그램이나 유튜브에 있는 영상을 보면 무슨 말인지 잘 이해할 수 있을 것이다. 이제껏 우리가 경험하고 익숙하게 알고 있는 방법과는 다른, 조금은 생소하고 낯선 방법일 수 있지만, 아이는 즐겁게 학습하고 부모는 여유 있는 모습으로 20년 후를 향하여 한 걸음씩 내디딜 수 있는 방법이다. 영어는 더 많은 정보를 더 빨리 얻기 위해 반드시 필요한 도구이고, 현서는 그 도구를 성공적으로 장착했다고 생각한다.

그러면 현서 아빠표 영어가 무엇인지 시작부터 자세히 알아보도록 하겠다.

시작은 아주 가볍게

"아들아, 넌 계획이 다 있구나!"

2020년 아카데미 시상식에서 아시아 최초로 작품상과 감독상 등 4관왕을 차지한 봉준호 감독의 영화 〈기생충〉에 나오는 명대사 중 하나이다. 사람들은 으레 대단한 것을 이루기 위해선 그에 걸맞은 거창한 계획을 세워야 한다고 생각한다. 그리고 만족할 만한 계획을 세우기 전까지는 시작하는 것을 주저하는 경향이 있다.

우리 가정도 초기에 '영어 교육 10년 계획' 같은 대단한 준비를 하고 시작했을까? 전혀 그렇지 않다. 그저 현서가 영어에 대한 거부감이 없으면 좋겠다는 아빠의 바람으로 아주 가볍게 시작했다. 그러려면 어렸을 때부터 자연스럽게 영어에 노출되는 것이 최선이라 생각해서 당장 손에 잡히는 영어 영상부터 보여 주었던 것이다. 현서가 3살이던 당시 TV에서 방영 중이던 '미키마우스 클럽하우스'라는 영상이 처음으로 보여 준 영어 영상이다. 영어 공부를 시킬 목적으로 DVD를 구매한 것도 아니었다. 처음엔 TV 방송 시간에 맞춰 보다가, 아이가 좋아하니 VOD를 구매해 반복해서 보여 줬다. 참 다행히도 현서는 영어 영상에 아무런 거부감 없이 재미있게 잘 보았다.

그렇게 별생각 없이 보여 주다가 본격적으로 영어 영상 노출을 시작한 것은 4살 때부터였다. 영국 유학을 다녀온 후 영어 교육 회사에서 신사업 기획 업무를 맡았던 나는 유튜브에 어마어마한 영어 교육용 영상들이 있다는 것을 알게 되었다. 그렇게 알게 된 유튜브 채널 중 현서가 좋아하는 것들을 찾아 하루 1시간씩 꾸준히 보여준 것이다. 다행히 현서는 아빠가 골라 준 영어 영상들을 아주 재미있게 보았다. 모든 영상이 무료였기 때문에 돈 한 푼 들이지 않고 집에서 영어 노출 환경을 만들 수 있었던 것이다. 아빠의 작은 바람으로 별 계획 없이 가볍게 시작한 영어 영상 노출은 현서가 9살이 된 현재까지도 매일 한 시간씩 계속되고 있고 지금의 현서는 디즈니 영화를 자막 없이도 재미있게 볼 만큼 영어에 대한 거부감이 없다.

영어만 하면 작아지는 한국인, 왜 그럴까?

뭔가 대단한 계획이 있어서 시작한 것이 아니라, 단순히 영어에 대한 거부감이 없으면 좋겠다는 생각에서 시작한 현서의 영어 영상 노출. 대한민국에서 태어나 제도권 교육을 받고 자란 사람이라면 누구나 영어 울렁증의 정체를 잘 알고 있을 것이다. 어학원에서 원어민 선생님과 수업을 할 때, 교재에 나온 문장을 따라 말하고 주어진 문제에 답하는 것은 누구나 잘한다. 그러나 자신의 생각을 영어로 말해야 하는 순간 패닉 상태에 빠지고 만다. '내가 말하는 문장이 문법적으로 틀리면 어쩌지? 다른 사람들이 얼마나 웃기게 생각할까?'라는 두려움이 몰려오는 것이다. 동시에 머릿속으로 생각한 우리말 문장을 완벽한 영어 문장을 만들기에 바빠 입을 열지 않는다. 아마 완벽한 문장으로 답을 하지 못하면 다른 사람들이 나를 영어 실력이 형편없는 학생으로 여길까 봐 두렵기 때문일 것이다. 대부분의 한국인들은 이렇게 생긴 영어 울렁증을 극복하지 못한 채 포기해 버리고 영어는 평생 싸워도 넘을 수 없는 철옹성으로 남게 된다.

대학 졸업 후 해외 어학연수를 가서 다른 나라 학생들과 같이 수업을 받아 보니 이러한 한국인의 특성은 더 눈에 띄었다. 다른 나라, 특히 유럽이나 남미에서 온 학생들은 문법적으로 틀리거나 말거나 자신의 의견을 되지도 않는 단어들을 조합해 마구 쏟아 낸다. "난 내가 할 수 있는 최선으로 다 말했으니 알아서 이해해."라는 당당한 자세. 이런 친구들이 서너 마디를 하는 동안 한국 학생들은 겨우 한마디를 말한다. 아마도 완벽한 표현으로 말하기 위해 머릿속으로 수십 번은 문장을 수정한 후 겨우 내뱉은 한마디일 것이다.

조금 덜 개방된 문화에서 자란 탓도 있겠지만, 어릴 때부터 영어를 교과목으로 배우며, 주입식으로 '공부'를 하다 보니 틀리는 것에 대한 두려움이 영어 말하기의 가장 큰 장애물이 된 것이다. 거기에 남의 눈을 지나치게 의식하는 경향도 있어 말을 덜 하게 되고, 말을 덜 하니 영어 실력도 다른 나라 학생들에 비해 빠르게 늘지 않는 것이다. 심지어 그 먼 곳에 비싼 돈 들여 어학연수를 가서, 도서관에 앉아 단어를 외우고 문법을 공부하는 학생들도 꽤나 목격했다. 저런 공부는 한국에서 학원 다니는 것이 훨씬 나을 텐데 하고 혼잣말을 하기도 했다. 이미 다른 나라에서 온 친구들보다 더 열심히 공부했고 단어도 많이 알고 있는 한국 유학생들이 이러는 이유는 단 한 문장을 말하더라도 문법적으로 완벽한 문장을 말해야 한다는 강박관념 때문일 것이다. 그런 태도가 아예 필요 없다고 할 수는 없겠으나 영어를 더 유창하게 하는 친구들을 보면, 되든 안 되든 다양한 사람들과 만나 최대한 말을 많이 하고, 현지 방송이나 영화를 보며 가능한 한 오랜 시간 스스로를 영어 환경에 노출시키는 친구들이었다.

공대 출신치고는 영어를 잘했던 나는 친구들로부터 어떻게 하면 영어 말하기를 잘할 수 있는지에 대한 질문을 자주 받았었다. 그때마다 첫 번째로 하는 조언이 틀려도 좋으니 무조건 많이 말을 하라는 것이었다. 의사소통을 하는 것에 초점을 맞추어서 그냥 아는 단어부터 마구 뱉어 내고, 안 되면 손짓, 발짓을 동원하면 상대가 어느 정도 이해한다는 것이었다. 문법적으로 맞는 문장, 더 자연스럽고 고급스러운 표현들은 그 후에 하나씩 개선해도 충분하다고 조언했다. 하지만 항상 정답을 맞히는 것에 익숙하고, 틀리거나 실패하는 것에 관대하지 못한 한국에서만 살아온 친구들이 그렇게 습관을 바꾸는 것은 쉬운 일이 아니었다. 마음으로는 이해하나 막상 외국인이나 같은 한국 사람들 앞에서 잘 되지도 않는 영어로 말하는 자신의 모습이 어색하고 바보처럼 느껴지기 때문일 것이다.

영어 거부감이 없는 아이로

현서에게만큼은 이런 영어 울렁증이나 영어에 대한 거부감을 가지게 하고 싶지 않았다. 그래서 선택한 방법이 아주 어릴 때부터 영어 영상에 노출시키는 것이었다. 정말 그 이상의 기대 없이, 아무런 아웃풋도 바라지 않고 재미있는 영어 영상들을 찾아 꾸준히 보여 줬다. 모국어만큼 편하진 않더라도 영어를 자연스럽게 받아들이기만을 바랐고, 혹시나 영어를 싫어하게 되면 어쩌나 하고 노심초사했다. 그래서 현서가 공부라고 느낄 만한 파닉스, 단어 암기 등의 학습은 하나도 하지 않았다. 보통 엄마들이 떠올리는 성공한 엄마표 영어의 대가들처럼 치밀한 계획을 세우고, 매일매일 그 계획을 실행하는 엄청난 노력을 했던 것은 아니다. 그저 현서가 좋아하는 영상을 찾아 반복해서 보여 주고, 질릴 때가 되면 또 다른 영상을 찾아 보여 주는 것을 꾸준히 하도록 일상화했을 뿐이다.

영상, 미디어 노출에 대한 이야기를 하면 대부분의 엄마들은 먼저 거부감을 나타낸다. 왜 그럴까? 첫 영어 학습을 학교나 학원에서 접한 우리 세대는 영어도 그렇게 힘들게 공부해야 잘할 수 있는 교과목 중의 하나라고 여기기 때문일 수도 있다. 그게 맞다면 책을 위주로 하는 전통적인 교육의 틀에서 벗어난 방법에 부정적인 생각이 드는 것이 어쩌면 당연하다. 지금도 대부분의 엄마들이 아이의 첫 영어 교육으로 알파벳, 파닉스, 리더스를 가장 먼저 떠올린다. 당연히 영어 교재나 책으로 시작해야 한다고 여기고 있다. 영어를 수학이나 과학처럼 학교나 학원에서 배워야 하는 교과목으로 본다면 틀린 생각은 아니다. 하지만 우리 집에서 생각하는 '영어'는 더 넓은 세상과 연결해 주는 의사소통 수단이었다. 전 세계에서 가장 많은 사람이 쓰는 언어이고, 어릴 때부터 충분히 노출만 하면 모국어처럼 습득할 수 있을 거라는 믿음이 있었다.

이렇게 생각이 바뀌면 영상으로 영어 노출을 하는 것이 집에서 할 수 있는 최고의 영어 학습 방법이 된다. 이전에는 좋은 콘텐츠가 있어도 TV를 통해 정해진 시간에 시청을 하거나, VOD 또는 DVD를 꽤나 큰돈을 주고 구매해야 했다. 아이들이 영상을 좋아하지 않아 책장에 꽂힌 채 장식품이 되는 위험도 감수해야 했다. 하지만 요즘은 유튜브나 넷플릭스 등에 더욱 교육적이면서 재미까지 있는 영상들이 넘친다. 내 아이의 관심사와 취향, 영어 레벨에 따라 골라 볼 수 있는 영상이 무수히 많다. 지금의 부모 세대가 학교를 졸업하고 십수 년이 지나 아이 영어 공부를 시킬 시기가 되는 동안, 엄청난 기술의 발전이 있었는데도 그 혜택을 누리지 못하는 분들이 아직 많은 듯하다. 사실 잘 알려지지 않았을 뿐이지 영어 영상 노출로 놀라운 효과를 본 사람들은 과거에도 있었고 지금도 전국 곳곳에 있을 것이다. 그런데 여전히 대부분의 엄마들은 책을 선호하고, 빠른 미디어 노출이 아이에게 좋지 않은 영향을 줄 수 있다는 두려움 때문에 주저한다. 하지만 영어를 언어로서 습득하는 것이 목표였던 현서에게 책으로 하는 '공부'보다 우선시되었던 것이 미디어를 활용한 '영어 노출 환경'이었다. 덕분에 현서는 영어를 모국어 배우듯 자연스럽게 체득한 것이다.

★ 우리 아이 영어, 지금부터 시작해 보세요!

우리 아이 영어를 어떻게 시작해야 할지 몰라 고민이라면 유튜브부터 시작해 보세요. 3장과 부록에서 소개할 추천 유튜브 채널 중 우리 아이가 좋아하는 것을 하나만 찾아 매일 일정 시간 보는 것으로 시작하면 됩니다.

그래서 현서의 영어 실력은 어느 정도인가요?

4살부터 본격적으로 영어 영상 노출을 시작한 현서. 그래서 어떤 효과가 있었을까? 현서라는 아이는 도대체 영어를 얼마나 잘하며, 별다른 목표, 계획도 없이 시작했다는데 어떻게 SNS에서 인플루언서가 되고 이렇게 책으로 나오게 되었는지에 대해서 간단히 소개하려고 한다.

2019년 3월 유명 맘카페 중 하나인 도치맘의 인스타그램에서 '아빠표 영어'라는 주제로 했던 온라인 세미나가 전환점이 되었다. 그때 했던 인스타그램 라방(라이브 방송)은 우연한 계기로 급하게 기획된 것이었다. 지금 생각해 보면 그 라방에서 '현서 아빠표 영어'를 소개할 수 있었던 것이 정말 큰 행운이었다. 그 라방이 시발점이 되어 이렇게 책까지 내게 되었으니 말이다. 다음은 그때 엄마들에게 보여 주었던 현서의 영상이다.

한글 책 영어로
소개하기 –
현서의 첫 영어
말하기 촬영

▶ 영상 바로 보기

이 영상은 현서가 막 8살이 되었던 2019년 1월에, 그러니까 본격적인 영어 영상 노출을 시작하고 4년쯤 되어서 찍은 영상이다. 평소 책 읽기를 좋아하던 현서에게 최근 읽은 한글 책 하나를 골라 영어로 소개해 보라고 하고 찍은 영상이다. 사전 준비도, 단 한 번의 연습도 없이 책의 제목부터 현서가 바로 번역을 하며 자연스럽게 찍은 영상을 짧게 편집한 것이다. 현서가 책장을 넘기며 그림과 글을 보고 영어로 설명을 하기도 하고 아빠가 하는 질문에 영어로 답을 한다. 처음엔 쭈뼛쭈뼛하더니 어느 정도 익숙해진 후에는 정말 편하게 이야기해 나갔다. 현서가 하는 영어가 완벽하진 않았지만 처음 아빠가 영어 노출을 시작할 때 바랐던 대로 전혀 두려움 없이, 틀리거나 말거나 자신 있게 생각한 바를 영어로 술술 이야기한다. 가장 인상적인 장면은 '철두철미'라는 가상의 캐릭터에게서 온 편지를 읽고 영어로 설명하는 것이었다. '철두철미'라는 모르는 단어가 나오자 "처~얼뚜철~미"라고 영어식으로 읽고 아무렇지도 않게 넘어가기도 했다. 그런 현서의 모습을 보며 정말 영어에 대한 거부감, 두려움이 하나도 없는 아이로 자란 데 대해 뿌듯함을 느꼈다. 영상을 같이 보던 엄마들도 아빠의 의도에 깊이 공감하는 한편, 영어에 대한 두려움 없이 자란 현서의 모습을 대견하게 여겼던 것 같다.

영어 실력보다 현서의 당당함, 자신감에 반한 엄마들

당시 라이브 방송을 보던 엄마들은 모두가 아이의 영어 교육에 지대한 관심을 가진 열혈파 맘카페 회원이었다. 밤 11시에 시작되는 온라인 라이브 방송을 보기 위해 아이들을 재운 후, 천근만근 같은 몸으로 참여하였으니 얼마나 대단한 열정인가? 당시 방송에 참여한 대다수의 엄마들은 이미 다양한 성공 사례에 대해 알고 있었지만 현서라는 아이는 좀 다르다고 느꼈던 것 같다. 이제 막 8살이 된 아이가 한글 책을 읽으며 완벽하진 않지만 영어로 동시통역을 한다. 모르는 단어가 나와도 막힘없이, 모르는 건 모르는 대로 아랑곳하지 않고 말을 이어 간다. 이 아이는 영어 유치원은커녕 영어학원도 한 번 가지 않고 집에서만 했다고 한다. 문법은 고사하고 파닉스와 같은 기본 학습도 전혀 하지 않았다고 한다.

이 라이브 방송 후 많은 엄마들의 호응과 응원의 메시지가 있었다. 이후 현서와 함께 더 적극적으로 영상도 올리고 세미나도 자주 하면서, 맘카페 위주로 엄마들에게서도 조금씩 이슈가 되었던 것이다. 지금도 현서네 인스타그램에 랜선 이모들이 다양한 응원의 댓글을 남긴다. 그중에서 가장 감사한 메시지는 "현서 언니처럼 키우고 싶어요!"이다. 영어 실력만 놓고 보면 현서보다 잘하는 친구들이 많을 것이다. 하지만 현서처럼 틀려도 당당하게 영어로 말하고 영상에서 항상 웃으며 즐기는 모습을 두고 한 말씀으로 이해한다.

아이도 엄마도 너무 힘든 엄마표 영어

현서 엄마도 엄마표 영어를 하는 맘카페에서 정보를 찾아보던 시기가 잠깐 있었다. 그런데 파닉스, 사이트워드, 흘려듣기, 집중 듣기 등 엄마표 영어 관련해서 알아야 하는 용어는 왜 그렇게 많으며, 칼데콧, 뉴베리 수상작 등 꼭 읽어야 하는 리더스나 전집 리스트는 또 왜 그렇게 많은지 감당이 안 되었다. 학원이나 맘카페에서 제안하는 방법들은 어린아이가 하기에는 너무 힘들고 때론 가혹해 보이기까지 했다. 같이 해야 하는 엄마도 엄두가 나지 않을 만큼 높은 장벽으로만 느껴졌다. 엄마표 영어를 시작하려고 했던 엄마들 중에도 많은 분들이 비슷한 좌절감을 느끼지 않았을까 싶다.

다행히 우리 집은 그런 방법들이 현서한테는 맞지 않을 것 같다고 빠르게 판단했고, 대안을 시도해 보기로 했다. 우선 영어 노출을 많이 시키는 것이 중요하다고 생각해서 현서가 좋아하는 영어 영상을 보여 주는 것으로 시작했다. 기존의 엄마표 영어 방법과 다른 것은 영상의 비중이 책보다 훨씬 높다는 것이다. 이러다 보니 엄마와 아이 모두 학습에 대한 부담이 거의 없다. 아이도 좋아하는 영상을 봐서 즐겁고, 엄마도 직접 지도할 필요가 없으니 스트레스가 없었다. 그러니 꾸준히 할 수 있었던 것이다. 그런데 이 방법의 단점은 눈에 보이는 성과가 나기까지 오랜 시간이 걸린다는 것이다. 이 길을 택하기 위해서는 엄마의 인내심이 필요하다.

핵심은 노출 시간

언어 습득에 가장 중요한 노출 시간

학원 한 번 가지 않고 집에서만 영어를 했다는 8살 현서가 영어를 불편해하지 않고 거침없이 말도 하게 된 비결은 무엇일까? 가장 중요한 것을 꼽으라고 하면 단연 '영어 노출 시간'이다. 아이든 어른이든 언어로서의 영어를 잘하기 위해서는 결국 얼마나 많은 시간 그 언어에 노출되느냐가 무엇보다 중요하다. 너무 당연한 얘기라 생각할 수도 있겠지만 이 노출 시간에 대해 많은 분들이 오해를 하는 듯하다. 영어 노출은 영어를 공부하는 시간이 아니라 자연스럽게 듣거나 읽기로 영어를 접하는 시간을 의미한다. 아직 글을 못 읽는 아이들에게는 당연히 듣기 시간의 비중이 훨씬 중요하다.

그럼 얼마나 많은 노출을 시켜야 할까? 영어 실력은 노출 시간에 정비례하기 때문에 많으면 많을수록 좋다. 하지만 불행하게도 우리나라 아이들은 영어 외에도 할 것이 너무 많다. 그래서 어느 정도 시간이 적당한지 궁금해하는 부모님이 많다. 다양한 의견이 있을 수 있지만 현서의 경우만 살펴보면, 4살 때부터 하루 평균 한 시간 이상 꾸준히 영상으로 영어 노출을 시켰다. 해가 지날수록 책이나 다른 노출 방법이 추가되면서 9살이 된 시점에는 하루 평균 2시간 정도 된다. 주말에는 영화도 보기 때문에 노출 시간은 이보다 더 길어진다. 사실 시간보다 더 중요한 것은 노출 방법이다.

　　아직까지도 대부분의 전문가들이 제안하는 방법이나 엄마들이 실천하는 방법은 책이나 문자 위주의 영어 학습 시간이 영어 노출의 큰 비중을 차지할 것이다. 하지만 현서의 경우 책이나 문자를 통한 영어 노출의 비중은 30%를 넘지 않았다. 대부분의 노출 시간이 영어 영상과 온라인 말하기 프로그램을 통한 듣기와 말하기였다. 책으로 하는 경우도 좋아하는 영어 그림책이나 챕터북을 읽는 것이지 단어 암기나 문법 등의 공부는 거의 하지 않았다. 영어 책도 처음에는 엄마나 아빠가 읽어 줬지만 시간이 지나면서 수준에 맞는 책을 골라 직접 읽었다.

영어 실력	=	노출 시간

영어 조기 교육 아니고 조기 노출

영어 영상을 통한 노출 방법은 현서가 모국어가 아직 완벽하지 않던 4살 때부터 시작했기 때문에 더 큰 효과를 볼 수 있었다. 만약 그때 문자 노출부터 시작하는 '영어 조기 교육'을 했다면 현서도 영어 거부자가 되었거나, 지금보다 영어 말하기를 편하게 하지 못했을 확률이 높다. 영어 영상으로 노출을 시킨 것은 분명 '영어 조기 교육'과는 다르다. 아니, 오히려 이 방법이 영어 조기 교육을 주장했던 학자들이 의도했던 진정한 의미의 영어 조기 교육 방법에 가까웠을지도 모른다. 모국어를 체득하는 것처럼 영어를 자연스럽게 습득할 수 있도록 일찍 노출을 시작한 것뿐이다.

이해를 해야 받아들이는 어른과 달리, 모국어가 아직 완벽하지 않은 아이들은 새로운 언어도 쉽게 받아들인다. 어릴 때부터 영어 노출을 시작해 성공한 아이들의 사례를 보면 어렵고 불필요한 과정으로 영어를 학습하지 않는다. 대부분의 경우 'Mother Goose Club'이나 'Nursery Rhyme' 같은 재미있고, 신나는 영어 동요 듣기를 통해 즐겁게 시작한다. 단순한 리듬의 챈트나 동요를 반복적으로 들으며 따라 하다 보면 쉬운 단어나 짧은 인사, 간단한 필수 영어 문장은 말 그대로 입에 딱 붙게 된다.

참 희한하게도 이맘때 아이들은 반복해서 들려주면 시키지 않아도 따라 하게 된다. 원어민 발음을 흉내 내는 것도 너무 자연스럽다. 어릴 때 시작한 아이들의 발음이 좋다는 것은 누구나 다 알고 있을 것이다. 아마 이때 시작하는 아이들은 이게 단어인지, 문장인지 구분도 하지 않을 것이다. 문법이니 뭐니 하는 것들은 아예 생각도 하지 않는다. 그냥 들리는 대로 따라 말하고 보는 대로 눈으로 익히며 기억하게 된다. 어른들보다 훨씬 쉽게, 거부감 없이 영어를 또 하나의 언어로 받아들이게 된다. 모든 것을 있는 그대로 묻거나 따지지도 않고, 스펀지처럼 흡수하기 때문에 이들에게는 그저 많이 듣고, 보게만 해 주면 되는 것이다. 인간의 뇌는 자주 반복되는 것을 중요하다고 여기고 장기 기억으로 저장한다. 언어도 결국은 반복이고, 따라서 듣기든 말하기든 반복적인 노출 시간이 절대적으로 중요한 것이다.

결국은 반복! 꾸준히 하려면 재미있어야!

그렇다면 가장 중요한 것은 어떻게 하면 이 지루한 반복을 재미있는 과정으로 만들어 꾸준히 영어 노출을 시키느냐는 것이다. 어른들의 경우, 재미없는 교재로 학습하며 단어 외우기를 주로 한다. 만약 내가 좋아하는 영화나 드라마를 소재로 하거나 평소에 관심이 많은 분야를 가지고 배운다면 영어 공부가 조금은 더 재미있고 단어 암기도 쉽게 느껴질 것이다. 대개의 경우 단어장에 열거된 수십 개를 외우기는 어렵지만, 스토리가 있는 이야기나 영상을 보면서 이미지를 연상하면 훨씬 쉽게 암기가 된다고 한다. 어른들은 주요 단어들은 리스트를 만들어 외우려 한다. 동의어나 반의어 또는 비슷한 분류의 단어들을 묶어 외우는 것이 더 연상이 잘 되기 때문이다. 반대로 아이들은 영어 동요나 애니메이션 등을 보다 보면 단어와 이야기, 그리고 이미지들이 서로 연결되며 단어를 알게 되고 언어의 체계도 스스로 깨우치게 된다.

특히 이 시기의 아이들은 모방을 통해 학습하려는 본능을 가지고 있어서 그런지 엄마나 아빠, 형이나 언니의 행동과 말을 그대로 따라 하려 한다. 그리고 참 신기하게도 유아기 아이들은 같은 영상을 반복해서 보는 것을 더 좋아한다. 수십 번을 틀어 줘도 매번 깔깔거리며 율동도 따라 하고 시키지 않아도 한 단어씩, 한 문장씩 따라 말한다. 이 시기를 놓치면 나중에는 아무리 부모가 노력해도 영상을 반복해서 보는 일은 별로 없다. 조금이라도 어릴 때 아이들이 좋아할 만한 영상을 찾아 최대한 많이 영어에 노출시키는 것이 중요하다. 과거에는 영어 노출 환경을 만들 수 있는 수단이 책밖에 없었다. 물론 원어민 목소리로 녹음된 CD나 MP3 등이 제공되었지만 아이들이 좋아하지 않으면 어떻게 할 수가 없었다. 하지만 지금은 유튜브만 잘 찾아봐도 재미있는 영상들이 수없이 많다. 내 아이의 관심사에 맞는 영상을 찾아서 틀어 주기만 하면 되는 것이다.

좋아하는 영상으로 영어 노출 환경 만들어 주기

다음의 영상은 현서가 4살 때 찍었다. 당시 전 세계 여자아이들의 우상이었던 〈겨울왕국〉의 엘사가 'Let it go'를 부르며 마법으로 얼음성을 짓고, 겨울왕국의 여왕으로 변신하는 모습을 그린 영화 장면이다. 현서도 예외 없이 이 영상을 수십 번 반복해서 보았다. 그러면서 자신의 학습 본능에 충실하게 보고 들은 것을 아주 잘 따라 했다. 대부분의 아이들이 이렇다. 좋아하는 것만 찾아 주면 수없이 보고 따라 한다. 4살이던 현서한테는 이게 우리말인지 외국어인지도 중요하지 않다. 발음도 그대로 따라 한다. 무슨 뜻인지는 영상의 이미지를 보면서 스스로 유추한다. 설령 전체를 이해하지 못해도 전혀 문제가 되지 않는다. 우리말을 배우면서도 아이들은 엄마가 하는 말을 100% 다 이해하지 못한다. 그런 상황에 맞춰 이해하고, 이해를 못해도 불편하지 않을 뿐이다. 바로 이때가

1. 장갑 날려 버리기~ㅋㅋ

‖ ▶‖ ◀)) 0:00 / 2:30

〈겨울왕국〉의
'Let it go'를
부르는 엘사를
따라 하는 현서

▶ 영상 바로 보기

영어 노출을 시작해야 하는 최적기다.

정리하면 유아기의 아이들에게 언어라는 것은 수없이 반복해서 듣고 말하는 동안 자연스럽게 습득이 되는 것이다. 우리 아이들을 위해 집에서 그런 영어 노출 환경을 만들어 주기만 하면 된다. 이 지루한 반복을 꾸준히 하려면 아이들이 정말 좋아해서 수십 번을 반복해서 봐도 질리지 않는 재미있는 영상들을 찾아 주면 된다. 그러면 시키지 않아도 반복해서 보게 되고 그 과정에서 영어 듣기가 모국어처럼 편해지게 된다. 더 중요한 것은 아이들이 정말 영어 자체를 좋아하게 된다는 것이다. 그리고 지금은 누구나 집에서도 돈 한 푼 들이지 않고 이것이 가능한 환경을 만들 수 있다. 우리말도 아닌 외국어인데 그게 될까? 진짜 된다! 그 긴 과정을 꾸준히 하면서 엄마, 아빠가 기다려 주기만 하면!

> **✦ 재미가 있다면 반복 학습은 문제도 아니다**
>
> 언어 학습도 결국은 반복이기 때문에 언어 습득에 가장 중요한 것은 노출 시간이다. 지루한 반복을 꾸준히 하기 위해 현서네가 선택한 방법은 아이가 좋아하는 영상을 찾아서 보여 주는 것이었다. 이 간단한 방법으로 현서는 영어와 친해지며 즐겁게 습득하게 되었다.

공부 스킬보다 중요한 건
영어를 대하는 태도

영어는 교과목이 아닌 소통을 위한 언어

평소 학교 가기가 싫던 한 초등학생이 미국 링컨 대통령 전기를 읽다 꾀를 내어 엄마한테 이야기했다.

"엄마, 링컨 대통령은 초등학교를 중퇴해서 대통령이 되었대요. 나도 학교를 그만두고 링컨처럼 훌륭한 사람이 되고 싶어요!"

그러자 엄마가 대답했다.

"링컨은 영어라도 잘했잖아! 너 영어 잘해?"

아이는 말을 잇지 못하고 힘없이 뒤돌아 책 읽기를 계속했다.

이 엄마에게 영어를 잘하는 사람은 학생 때 공부를 잘했거나 남다르게 머리가 좋은 사람으로 인식이 되어 있다. 엄마의 말에 할 말을 잃은 아이 역시 영어를 하나의 학교 과목으로 인식했기 때문에 더 이상 반박할 수가 없었을 것이다. 사실 대한민국 대다수 사람들의 영어에 대한 인식도 크게 다르지는 않을 것이다.

나는 국민(초등)학교 5학년이던 80년대 후반에 학교 특별활동 시간에 처음으로 영어를 배웠다. 그때 처음 알파벳을 접했다. 그리고 교과서로 영어를 배우기 시작한 것은 중학교에 올라가면서부터였다. 그때만 해도 영어로 외국인 친구들과 자유롭게 소통을 하겠다는 꿈을 가진 아이들은 거의 없었다. 대학생이 된 90년대 후반까지 학교에서 가장 인기 있는 동아리 활동 중 하나는 타임지(Times) 읽기였다. 이때만 해도 기껏해야 CNN 뉴스나 할리우드 영화, 미국 드라마를 자막 없이 볼 수 있다고 하면 멋있어 보였고 그렇게 하는 것이 친구들 사이에서 로망이었다. 어학연수를 가거나 외국인과 대화하는 것을 상상하는 친구들은 많지 않았다. 상황이 달라지기 시작한 건 2000년대 초반부터이다. 미국, 영국, 호주 등 영미권 국가로 어학연수를 다녀오는 선후배들이 부쩍 늘기 시작했다.

이때부터는 외국인을 만나면 자유롭게 영어로 의사소통을 하는 것을 목표로 삼는 사람들의 수가 늘었던 것 같다. 하지만 대부분의 사람들이 알게 된 것은, 우리가 10년 넘게 해 온 영어 공부 방법만으로는 외국인과 자유로운 의사소통을 하기 어렵다는 것이었다. 지금은 시대가 정말 많이 달라졌다. 영어라는 언어의 장벽을 뛰어넘으면 할 수 있는 일이 몇백 배 많아진다. 굳이 해외에 가지 않더라도 유튜브로 접할 수 있는 정보와 경험이 어마어마하다.

지금 7080세대인 엄마들도 경험을 통해 이 사실을 잘 알고 있어서, 자신이 했던 방법으로 아이들에게 영어 공부를 시키지 않겠다는 생각을 한다. 하지만 정말 그렇게 하고 있는지 스스로에게 자문해 볼 필요가 있다. "정말 내가 했던 것과 다르게 하고 있나?", 다르게 하고 있다고 생각한다면 "뭐가 어떻게, 얼마나 다른가?"에 대해 스스로 질문해 보기 바란다. 중고등학교에서 손바닥을 맞아 가며 단어를 외워야 해서 영어가 싫어졌다면 우리 아이들에게만은 정말로 영어를 즐길 수 있는 환경을 만들어 줘야 하지 않을까?

내가 아는 언어만큼 넓어지는 세상

영국의 철학자 루트비히 비트겐슈타인(Ludwig Wittgenstein)는 "The limits of my language are the limits of my world." 라고 말했다. 내가 아는 세상의 한계는 내가 사용하는 언어로 정해진다는 것이다. 대학에서 석박사 논문을 쓰면 모두 영어로 번역해 발표한다. 대부분의 국가 간의 국제회의나 민간의 회의도 영어로 진행이 된다. 영어가 가능할 때와 그렇지 않을 때 내가 접할 수 있는 정보의 양과 질은 크게 달라질 수밖에 없다. 예를 들면 구글에서 '가장 위대한 발명품'이라고 한글로 검색을 하면 577,000개의 검색 결과가 나온다. 그런데 'the greatest invention'이라고 검색을 하면 69,600,000개의 검색 결과가 나온다. 대략 120배의 차이가 난다. 우리 아이가 영어를 했을 때 접할 수 있는 지식의 양과 질이 이 정도 차이가 난다고 생각하면 크게 틀리지 않을 것이다.

물론 이 모든 정보를 다 접할 필요가 있는 것은 아니다. 하지만 정보의 양이 많아질수록 각각 상위 1%의 정보를 모아 비교해 보면 분명히 질도 다를 것이다. 영어를 못한다고 하면 이 상위 1%의 영어로 된 정보를 누군가 우리말로 번역해 줄 때까지 기다려야 한다. 하지만 영어가 된다고 하면 직접 찾아서 학습하면 된다. 속도 면에서도 다른 사람보다 훨씬 경쟁력이 생기는 것이다. 완벽하게 할 필요도 없다. 전반적인 내용을 이해할 수 있을 정도의 영어 실력만 갖춰도 된다. 그러면 평생 든든한 무기 하나를 장착하게 되는 셈이다.

영어를 대하는 태도와 기술

영어 교육 업계에서 15년이 넘게 일했지만 엄마표 영어에 대해 제대로 알게 된 건 채 2년이 안 된다. 현서에게 영어 영상 노출을 시작하던 시기에도 현서 엄마, 아빠는 엄마표 영어에 대해서 거의 알지 못했다. 맘카페에서 정보를 검색하거나 엄마표 영어 책을 열심히 읽어 본 것도 아니다. 영어 교재 출판사에서 10년 넘게 일을 하고 있었지만 제품 기획 시 엄마들보다 선생님에게 초점을 맞추어 생각을 했었다. 회사에서 주 업무가 디지털 콘텐츠 및 서비스 기획이었고, 국내에서는 주로 학원이나 대학을 위주로, 그리고 해외 대학이나 국제학교를 대상으로 수출을 하던 회사였기 때문이다. 그러다 엄마표 영어에 대해 알게 된 건 2018년 신사업팀의 팀장을 맡으면서 다양한 온라인 맘카페를 통해 마케팅을 하기 시작하면서부터이다. 그러다 맘카페 엄마들을 대상으로 온라인 세미나를 하게 되었고 꾸준히 엄마들과 소통하며 엄마표 교육을 하는 분들을 관찰하며 지금도 조금씩 알아 가는 중이다.

특히 현서 아빠표 영어라는 인스타그램을 운영하면서 인플루언서로서 엄마들과 소통해 온 기간을 돌아보며 든 생각이 있다. 내가 다른 부모님하고 다르게 했던 고민은 "어떻게 하면 현서가 영어를 좋아하게 할까?"라는 것이다. 그래서 영어를 잘하는 '기술'보다, 아이가 영어를 대하는 '태도'에 대해 이야기해 왔다는 것이다. 각종 세미나를 하면서 가장 많이 했던 얘기는 "아이가 정말 좋아할 만한 영상을 찾아서 꾸준히 노출시켜 주세요.", "발음, 문법은 지적하지 말고 무조건 잘한다고 칭찬해 주세요.", "학습은 최대한 천천히하세요." 등 아이가 영어를 대하는 태도에 관한 것이었다. 반면 엄마들의 질문은 "파닉스는 언제 시작해야 하나요?", "영상을 시청하거나, 책을 읽을 때 해석은 해 줘야 하나요?", "학습은 하루 몇 시간 정도 하셨어요?" 등 영어를 가르치는 기술에 관한 것이 대부분이었다.

엄마들이 왜 이런 질문들을 하는지 이해가 간다. 이전 회사에서 만들던 영어 교육 콘텐츠는 대부분 선생님들을 대상으로 판매하는 제품들이었다. 그러다 보니 당연히 가르치는 스킬에 대해 중점적으로 이야기할 수밖에 없었다. 어느 수준의 학습자들을 대상으로 교재가 기획이 되었으며 학습 목표는 무엇인지, 어떤 최신 교육 이론을 적용해 개발했는지, 가르칠 때는 어떤 스킬을 중점적으로 기르도록 해야 하는지 등 교재의 기획 의도를 명확히 설명해 주어야 했다. 이 선생님들의 고객, 즉 학원에 아이를 보내는 학부모들에게도 이런 정보들이 상당히 중요했기 때문이다. 엄마들은 학원에 보낼 때 기대하는 결과가 있다. 학원의 커리큘럼과 교재를 보면 그 학원의 교육 철학과 학습 목표 등을 알 수 있다. 학원 입장에서도 명확한 학습 목표를 제시하고, 그에 맞는 학습 결과를 보여 주지 못하면 정상적인 학원 운영이 어렵다. 비싼 돈을 주고 보내는 학원에서 "아이가 영어를 대하는 태도가 중요하다.", "먼저 영어를 좋아하게 해야 한다."라는 뜬구름 잡는 소리는 그저 무책임한 주장으로 들릴 수 있는 소지가 크기 때문이다.

하지만 집에서 엄마가 아이와 영어를 시작할 때는 분명히 다르다. 아이가 영어에 대한 거부감이 없도록, 더 나아가 영어를 정말 재미있어하고 좋아할 수 있도록 하는 것이 중요하다. 스킬을 가르치는 것은 전문가들에게 맡기면 된다. 아이가 영어를 대하는 태도가 좋아지도록 하는 것이 무엇보다 중요하다.

영어를 공부하는 기술　　＜　　영어를 대하는 태도

　현서한테 영어 노출을 시작한 건 영어에 대한 거부감이 없길 바랐기 때문이다. 그동안 현서 엄마, 아빠가 가장 많이 했던 고민은 "어떻게 하면 현서가 영어를 좋아하게 만들까?"였다. 이게 너무 중요하다. 주변에서 만난 영어를 잘하는 사람들을 보면 다 그랬다. 이들은 영어를 좋아하게 된 이유가 하나씩은 있었다. 엄마들이 가장 고민해야 할 것이 바로 이것이다. 영어를 공부하는 기술보다는 영어를 대하는 태도에 더 신경을 써 주자.

✦ 영어 공부 기술보다 영어를 대하는 태도가 더 중요

1. 영어는 공부해야 할 교과목이 아니라 습득해야 하는 언어이다.
2. 영어를 통해 아이가 접할 수 있는 세상이 넓어지는 것이다.
3. 아이가 영어를 좋아하는 태도를 가지게 하는 것이 가장 중요하다.

메리 포핀스(Mary Poppins)
- 우리 아이들이 가장 바라는 것

 영화감독이나 작가가 꿈이라는 현서와 함께 주말이면 좋은 영화들을 본다. 고전 영화들부터 최신작까지 현서가 이해할 수 있고 좋아할 만한 영화들을 골라 본다.

 메리 포핀스는 현서가 아니었으면 평생 보지 않았을 영화이지만 지인의 추천으로 보게 되었다. 원작 소설을 바탕으로 1967년에 디즈니에 의해 뮤지컬 영화로 제작된 이 작품은 아카데미 13개 부문의 후보에 올라 5개의 상을 수상한 걸작이다. 이후 뮤지컬로도 꾸준히 사랑받고 있고 2018년에는 속편도 제작되었다.

 영화의 배경은 1910년 영국의 런던. 영국 상류층 가정인 조지 뱅크스(George Banks)의 집에서 제인과 마이클 두 아이의 보모를 구하는 장면으로 이야기는 시작된다. 이름에서 알 수 있는 아버지 조지는 영국의 은행가로 엄격하고 보수적인 성격을 지닌 사람이다. 지난 4개월 동안 엄마가 뽑은 6명의 보모가 그만두는 것을 지켜본 아빠는 직접 타임지에 보모 구인 광고를 내기로 하고 엄마에게 보모의 조건을 적도록 지시하고 노래가 이어진다.

보모 구인
엄격하고 품행 방정하며 상식적이어야 함
영국의 보모는 사령관이 돼야 해
영국의 미래가 그 손에 달렸으니까
우리에게 필요한 보모는 기강을 제대로 잡고 아이들을 강하게 다스릴 사람
한 치 오차 없는 영국 은행처럼 영국 가정에서도 정확성이 필요해
전통, 원칙, 규율이 반드시 필요하지
그게 없다면 무질서, 재앙, 혼란뿐 모든 게 엉망이 되는 법

노래가 끝나자 엄마는 정말로 멋지고 타임지도 좋아할 것이라고 칭찬한다. 이때 등장하는 제인과 마이클은 자기들 때문에 보모들이 그만두었으니 새 보모를 뽑는 데 도움이 되고 싶다며 자신들이 원하는 보모의 조건을 써 온다. 아버지는 들을 필요 없다며 무시하려 하지만 엄마는 한 번 들어 보자고 하고, 아이들의 노래가 이어진다.

우린 이런 보모가 좋아요
언제나 밝게 웃어 주세요
발그레한 뺨, 사마귀는 싫어요

놀이를 많이 해 주세요

친절하고 재미있고 다정하고 예쁘고 함께 밖에 나가고

간식도 주고 노래를 부르고 사탕을 주세요

화를 내면 싫어요. 피마자 기름, 오트밀은 싫어요

우릴 딸 아들처럼 대해 주세요

보리차 냄새는 싫어요

야단치거나 싫은걸 시키지 않으면 우리도 미운 짓은 절대 안 할게요.

안경을 숨겨서 앞을 못 보게 하지도 않고

침대에 개구리를 넣거나 차에 후추를 뿌리지 않겠어요

빨리 오세요. 그럼 이만 줄일게요

아빠는 아이들의 이야기를 듣고 말도 안 되는 소리라며 아이들이 쓴 글의 종이를 찢어 벽난로에 버린다. 그리곤 자신의 생각이 현명하다며 한 치의 망설임도 없이 타임지에 전화를 해 보모 광고를 낸다.

다음 날, 집에는 광고를 보고 찾아온 유모들로 인해 문전성시를 이루게 되는데 갑자기 강한 동풍이 분다. 하늘에서 우산을 이용해 내려온 메리 포핀스는 자신이 아이들이 원하는 조건에 완벽하게 부합한다고 말하며 아이들의 보모가 된다. 아이들이 싫어하는 청소하기, 약 먹기, 일찍 잠자기 등을 재미있는 놀이로 바꾸어 버리는 놀라운 능력을 보여 준다. 그리고 길거리 악사 버트와 함께 이들은 그림 속으로 상상의 모험을 떠나며 아이들에게 즐거움을 선사한다. 메리 포핀스는 아이들이 진정 원하는 것을 들어주며 아이들뿐 아니라 가족 모두를 변화시켜 나간다.

100년 전 영국 상류층 가정의 이야기가 전혀 낯설게 느껴지지 않는 건 왜일까? 매리 포핀스는 미국에서 만들어진 영화다. 영국의 왕족, 귀족 등 지배층의 보수적인 문화를 어른과 아이가 교육을 바라보는 다른 관점을 통해 비꼬고 있는 듯하다. 우선 제인과 마이클의 엄마, 아빠 모두 아이들의 교육은 보모에게 전담시키고 크게 신경을 쓰지 않는다. 이 당시 영국에서도 좋은 교육을 받아 좋은 대학에 가는 것이 곧 성공하는 것이라고 여겨졌기 때문이다. 부모로서 당연히 아이들을 사랑하겠지만, 사랑과 관심보다 공부를 잘하고 남들한테 인정받는 '우등생'이 되길 더 바랐던 것이다. 이 장면을 21세기 대한민국의 교육 환경에 대입해 봐도 전혀 어색하지가 않다. 우리도 아버지 조지처럼 아이들에게 엄격하고 보수적인 교육을 강요하고 있진 않은가? 아이들이 바라는 것은 밝게 웃어 주고, 놀아 주고, 사랑해 주는 게 전부인데, 그런 순수한 어린 아이들에게 너무 빨리 어른의 현실을 주입시키려는 것은 아닐까?

영화는 100년 전 영국 상류층 부모들의 관점과 아이들의 관점을 통해 진정한 성공과 행복이 무엇인지 그리려 한다. 오래전 미국에서 만들어진 영화에서 주는 교훈이 이 시대의 부모들에게도 큰 울림을 주는 것은 그 당시 부모들의 고민과 아이들의 상황이 지금도 반복되고 있기 때문일 것이다. 아직 못 보신 분이 있다면 아이와 함께 이 영화를 볼 것을 강력히 추천한다.

앞서 언급한 것처럼
영어는 기술보다 태도가 중요하다.
영어는 공부해서 학습하는 것이 아니라 꾸준히 노출만 되면
모국어처럼 자연스럽게 습득할 수 있다는 확신 때문이다.
우리 아이가 중국에서 태어났다면 중국어를 모국어로 했을 것이고,
남미 어느 나라에 태어났다면 스페인어를 모국어로 했을 것이다.

⋮

2장

**모국어 배우듯
즐겁고 꾸준히**

모국어를 습득한 방법으로

노엄 촘스키의 언어 습득 장치

앞서 언급한 것처럼 영어는 기술보다 태도가 중요하다. 영어는 공부해서 학습하는 것이 아니라 꾸준히 노출만 되면 모국어처럼 자연스럽게 습득할 수 있다는 확신 때문이다. 우리 아이가 중국에서 태어났다면 중국어를 모국어로 했을 것이고, 남미 어느 나라에 태어났다면 스페인어를 모국어로 했을 것이다(물론 브라질에서 태어났다면 포르투갈어를 했겠지만). 어릴 때는 누구나 자신의 모국어를 자연스럽게 습득할 수 있는 엄청난 재능을 가지고 있는 것이다.

인류 역사상 가장 위대한 언어학자 중 한 명으로 손꼽히는 노엄 촘스키(Noam Chomsky)는 인간이 가지고 있는 이런 능력을

'언어 습득 장치(Language Acquisition Device)'라고 정의했다. 적절한 언어 환경에 노출만 되면 자연스럽게 언어를 습득할 수 있는 인간만의 고유한 능력을 말하며, 12세까지 활발하게 활동한다고 한다. 학자마다 이것이 왕성히 활동하는 나이에 대한 주장은 조금씩 다르지만, 중요한 것은 이는 모국어가 완전해지기 전인 어린 시절에 활성화되고, 지적 능력과는 구분된다는 것이다. 모국어를 못하는 아이는 하나도 없다. 물론 내가 이 이론을 알고 이를 적용하기 위해서 현서한테 영어 노출을 시킨 건 아니다. 그런데 지나고 보니 과학적인 근거가 있는 이런 이론도 있다는 것을 알게 된 것이다.

언어학자 노엄 촘스키(Noam Chomsky)
"유아기는 외국어를 배우는 데 결정적 시기이다."

▶ 적절한 언어 환경에 노출되면 자연스럽게 그 언어를 습득할 수 있다.
▶ 취학 전에 왕성하다.
▶ 지적 능력과는 구별되는 능력이다.

모국어 습득 방법 VS 영어 학습 방법

이는 모국어가 완전한 아이들이나 어른들이 영어를 학습하는 방법과는 완전히 다르다. 어른들은 언어를 배우기보다 시험을 잘 보기 위해서 스킬을 배워야 했다. 중요한 단어 먼저 외우고, 우리말과는 다른 영어 문장의 구조를 이해하기 위해 문장의 5형식을 배우는 것도 하나의 스킬이다. 발음 기호를 보며 입술과 혀의 모양을 익히는 것도 스킬이다.

이랬던 우리가 모국어를 배울 때는 어떻게 했나? 말을 하기 위해 누군가에게 문법을 배웠던 적이 있나? 엄마, 아빠를 비롯한 가족, 유치원이나 어린이집의 선생님, 그리고 TV에서 나오는 말들을 들으면서 스스로 언어 체계를 이해하고 습득하게 된 것이다. 그래서 아이들을 언어 천재라고 하나 보다. 이해를 돕기 위해 다음과 같이 모국어를 '습득'하는 방법과 영어를 '학습'하는 방법의 차이를 표로 비교해 봤다.

모국어 습득	영어 학습
듣기, 말하기를 먼저 한다	읽기, 쓰기를 먼저 한다
틀려도 말로 뱉으면서 습득한다	완벽하지 않으면 말을 안 한다
자연스럽게 체득한다	애써 공부한다
누구든 한다	좋아해야 잘한다
주로 집에서 습득한다	교육 기관을 통하여 학습한다

우선 모국어는 듣기와 말하기를 먼저 접한다. 읽고 쓰는 법을 배우기 전이니 너무나 당연한 순서이다. 하지만 영어는 우리 모두가 알파벳부터 시작해 읽기와 쓰기를 먼저 배웠다. 이 역시 학교에서 처음으로 영어를 배운 우리한테는 너무나 당연한 과정이었다. 이런 영어 교육의 순서에 익숙한 덕분에 엄마표 영어를 하는 엄마들도 영어 교육 하면 가장 먼저 떠오르는 것이 알파벳 배우기일 것이다. 알파벳을 먼저 하면 그 다음은 너무도 자연스럽게 파닉스와 책 읽기로 이어진다.

말하기를 할 때는 어떤가? 모국어를 배울 때는 그냥 따라 말한다. 처음에는 발음 기관이 발달하지 않아 옹알이부터 시작한다. 하지만 어느 순간부터는 듣는 그대로 따라 말하기 시작한다. 그리고 새로운 단어 하나를 말할 때, 처음 문장으로 말할 때 엄마, 아빠는 폭풍 칭찬을 해 준다. 틀렸다고 지적을 하거나 인상을 찌푸리는 일도 없다. 그러니 아이도 틀린 말을 내뱉는 것을 전혀 두려워하지 않고 그러면서 조금씩 늘어간다. 하지만 영어는 어떤가? 단어는 발음부터 배우고, 문장을 말할 때는 규칙(문법)을 먼저 배웠다. 그 규칙에 맞게 말해야 한다는 강박관념도 덤으로 몸에 배게 된다. 어쩌다 한마디를 하면 선생님이나 친구들도 발음부터 지적을 한다. 그러니 완벽한 발음, 완벽한 문장이 아니면 말을 아예 하지 않게 된다. 그렇게 입을 닫아버리니 말하기 실력이 늘 리가 없다.

영어는 체계적으로 공부가 가능한 교육 기관에서만 배울 수 있었다. 그래서 재미있게 학습할 수 있는 환경을 만들기는 좀 어렵기도 하다. 내 주변에 영어를 잘하는 사람들을 보면 대부분 어떤 계기를 통해 영어를 좋아하게 되었다. 그런데 영어에 흥미가 없는 사람이 어쩔 수 없이 배워야 하는 상황이라면 재미없는 영어 공부를 참고 끝까지 하는 것은 쉬운 일이 아니다.

하지만 모국어는 다르다. 우리말을 배우기 위해 교육 기관에 간 적이 없다. 그렇다고 부모가 우리말을 가르치는 전문 자격증이 있는 것도 아니다. 그냥 집에서 자연스럽게 '체득'한 것이다. 세상에 자신의 모국어를 못하는 사람이 과연 몇이나 있을까? 촘스키의 말처럼 지적 능력과는 구분되는 인간만의 고유 능력이기 때문에 누구나 노출만 충분히 되면 어떤 언어든 배울 수 있다. 아직 모국어가 완벽하지 않은 아이 때는 더욱 그렇다. 설령 그게 부모에게는 낯선 외국어라 할지라도 아이들에게는 노출만 충분히 해 주면 된다.

노출 환경만 만들어 주면 누구나 언어 천재

어렸을 때 충분한 노출 환경만 만들어지면 누구나 외국어를 체득할 수 있다는 것에 대해 부모님들이 깊게 생각해 보면 좋겠다. 정말 누구나 가능한데 "엄마, 아빠가 영어를 못해서", "우리 아이는 언어 감각이 별로 없어서", "공부를 좋아하는 아이가 아니어서" 등의 이유로 시도도 하지 않고 그냥 포기하는 경우가 있기 때문이다. 참 아쉬운 것은 그동안 인스타그램을 통해 현서의 방법을 꾸준히 전파하고 있지만 아직도 많은 엄마들이 가장 많이 하는 질문은 "파닉스는 언제부터 시작했어요?", "영어 책은 몇 살부터 읽어 주셨어요?", "단어 공부는 어떻게 시키세요?", "문법은 어떻게 가르치셨어요?" 등 영어를 외국어로 '공부'하는 방법에 대한 것이었다. 그틀에 갇혀 있다 보니 모국어 배우듯 습득한 현서의 방식을 얘기해도 잘 받아들이기가 어려운가 보다. 그럴 때 엄마들에게 다음과 같은 질문을 한다. "아이 우리말은 하루 몇 시간씩 가르치셨어요?", "아이가 우리말 문법 공부는 어떻게 했나요?"와 같이 얘기하면 엄마들을 그제야 "아!" 하면서 이해하기도 하지만, 현서가 영어를 모국어처럼 습득했다는 것을 100% 믿지는 못하는 눈치다.

아직 10살이 안 된 아이와 함께 곧 외국으로 이민을 가게 됐다고 생각해 보자. 이 아이가 현지에서 학교를 다니면서 일상생활을 한다면 2년이면 어려움 없이 원어민처럼 언어를 구사하게 될 것이다. 내가 아는 지인 중에는 중학교 2학년에 이민을 가서도 한국어보다 영어가 더 편하다고 하는 분도 있다. 정말 아이들은 충분한 영어 노출만 되면 외국어도 '습득'할 수가 있다. 집에서 그런 환경을 만들어 주고 영어를 즐겁게 꾸준히 할 수 있도록 해 주면 된다.

언어를 배우는 것은 악기 연주, 자전거 타기나 수영 같은 운동과 오히려 비슷하다. 끊임없는 연습을 통해서만 실력이 향상된다. 자전거 타기나 수영을 글로 배운다고 생각해 보자. 두발자전거가 옆으로 넘어지지 않고 달릴 수 있는 과학적 원리를 이해하고, 페달을 어떻게 밟으며 몸의 중심을 어떻게 잡는지 물리 법칙을 아무리 공부한다고 해도 자전거를 탈 수 있는 것이 아니다. 직접 넘어지면서 몸으로 타는 법을 체득해야 한다. 수영 같은 운동도 마찬가지다. 능력 있는 선생님으로부터 교육을 받으며 물의 저항을 줄이기 위해 몸의 모양은 어떻게 유지해야 하며, 팔 젓기와 발차기는 어떻게 해야 효율적인지 아무리 설명을 들어도 소용없다. 가장 중요한 것은 직접 물속에 들어가 발차기부터 팔 젓기까지 직접 해 보면서 가장 효율적인 동작을 몸이 체득하도록 꾸준히 연습하는 것이다.

외국인 입장에서 보는 한국어 수준

조금 더 이해를 돕기 위한 사례를 고민하다 외국인들이 한국어를 배울 때 사용하는 교재를 보게 되었다. 우리는 영어를 잘하는 사람을 보면 공부를 잘했거나 특별히 언어 감각이 있어 그렇다고 생각하기 쉽다. 하지만 영어는 다른 언어에 비해 비교적 배우기가 쉬운 언어라고 한다. 특히 유럽권에서는 어원이 비슷한 단어가 많아 쉽고, 중국어와는 문장의 구조가 비슷해 한국 사람들을 제외한 전 세계 사람들에게는 그나마 배우기가 수월한 언어이다. 근데 한국어는 어떨까? 아마 배우기 가장 까다로운 언어 중 하나가 아닐까 싶다.

한국어 문법을 공부하는 외국인들은 '하다'라는 동사 하나를 쓰기 위해 수많은 활용 형태를 알아야 한다. 시제야 모든 언어에 존재하니 기본이라고 치자. 거기에 의문형, 명령형 등 문장의 형태에 따른 변화까지는 할 만하다. 하지만 우리말에는 다른 언어에는 없는 존칭이 존재한다. 상대방과의 관계에 따라 존댓말, 반말의 정도가 달라진다. 이를 formal/informal, low/high로 조합하다 보니 '하다'라는 동사의 변화형만 50여 개에 달한다. 이 원칙을 다 이해한 후에 상황에 맞게 말을 한다고 생각해 보자. 얼마나 배우기 어려운 언어인가? 이걸 다 공부해서 한국어를 유창하게 구사하는 외국인들은 정말 존경받아 마땅하지 않은가? 그런데 정작 한국어를 유창하게 하는 외국인들은 한국어 교재에 얽매여 한국어를 공부하진 않았을 것이다. 한국 유행가나 드라마를 많이 듣고, 보고 한국 문화를 접하고 한국 친구들과 자주 만나며 익히지 않았을까 싶다.

문법은 모르겠고, 그냥 그렇게 말하는 게 익숙해

재미있는 건 우리는 이런 복잡한 문법을 배우지 않아도 정확하게 쓰고 있는데, 왜 그렇게 되는지 문법의 원리는 명쾌하게 설명을 할 수 없다는 것이다. 예를 들면 '모르다'라는 표현도 상황에 따라 어감이 수십 가지로 달라질 수 있다. '모르네', '모르데', '모르더라', '모르는구나', '모르잖아', '모르면서', '모르지만', '모르거든', '모르기조차', '모르기까지', '모른다', '모른다만', '모른답시고', '모르겠다', '모르겠네', '모르겠더라', '모르겠거든', '모르겠니', '모르겠고', '모르겠으나', '모를지도', '모를수록', '몰랐다', '몰랐구나', '몰랐잖아', '몰랐으나', '몰랐거든', '몰랐겠는데', '모르시네' 등 모두 그 의미에 미묘한 차이가 있다. 이런 것들은 규칙을 설명하기도 어렵다. 우리말 문법을 정확히 설명할 수 있는 한국 사람은 많지 않다. 한국어 쓰기는 난이도가 훨씬 높아진다. 두음 법칙, 연음 법칙 등 너무 복잡한 예외 조항이 많다. 오죽하면 초등학교 때 받아쓰기 시험까지 보겠는가? 한자 단어를 쓰다 보니 동음이의어는 얼마나 많은지. 그럼 우린 어떻게 이 어려운 한국어 문법을 틀리지 않고 말을 하고 있는 것일까? 사람들에게 물어보면 아마 십중팔구는 "그냥, 그게 익숙하니까!"라고 답을 할 것이다. 정말 그냥 수없이 듣고 익숙한 표현을 그대로 따라 쓰게 되는 것이다. 그 안에 어떤 원리나 법칙을 이해하고 말을 하는 게 아니다. 문법은 언어학자들이 자신이나 다른 나라의 언어 체계를 설명하고 교육을 하기 위해 연구를 하면서 정리가 되고 그 원리가 무엇인지 어원을 연구하며 추측을 할 뿐이다. 모든 문법이 정확하게 설명되는 것도 아니다.

우리는 충분한 노출만으로 이렇게 복잡하고 어려운 언어를 이미 배웠다. 그런데 외국인들이 한국어를 배우기 위해 저 어려운 문법을 공부하는 것처럼, 우리도 영어를 배우기 위해 저런 체계를 먼저 배워야 한다고 생각하는 것은 아닐까? 파닉스, 사이트워드, 문법 같은 영어의 원리를 먼저 배우는 것이 맞을까? 어른들은 이해가 되지 않으면 받아들이기도 힘드니 이런 원리를 먼저 배우는 것이 효과적인 학습법일 수도 있다. 하지만 아직 한글도 못 쓰고 우리말도 완벽하지 않은 아이들한테 문자를 익히게 하고, 그 언어의 원리를 먼저 가르치는 방법이 최선일지는 고민해 볼 필요가 있다.

다시 한 번 강조하자면 예전에는 이런 노출 환경을 집 안에서 만들 수 없었고 교재라고 할 수 있는 것은 책이라는 매체밖에 없었다. 하지만 지금은 마음만 먹으면 누구나 집 안에 이런 환경 조성이 가능한 시대이다. 노출 환경을 만들기 위해 큰돈을 들여 해외 조기 유학을 보내거나 영어 유치원을 보내는 대신 부담 없이 집에서도 영어 노출 환경을 만들 수 있는 것이다. 이런 좋은 방법을 미디어, 영상 노출에 대한 부작용을 걱정해 거부하지는 않으면 좋겠다. 모든 것에는 장단점이 있기 마련이다.

모국어 배우듯, 즐겁게, 꾸준히

모국어를 배우듯이 영상을 활용해 집에서 즐거운 영어 노출 환경을 만들어 준 현서의 방법을 정리하면 다음과 같다.

◇ 영어 영상 반복 노출(영어 환경 만들기)

◇ 관심사에 맞는 좋아하는 영상으로

◇ 가상 영어 공간에서 말하기 유창성 강화

◇ 지적보다는 칭찬으로 동기 부여

◇ 매일 일정 시간 꾸준히

꾸준히 하려면 재미있어야 한다. 재미있다는 것은 'Fun(재미있다)'의 개념보다는 'Engaging(흥미롭다)'의 개념에 가깝다. 아이들마다 관심사와 성향이 다르다 보니 몰입해서 즐겁게 볼 수 있는 영상의 주제나 장르가 다르다. 어떤 아이들은 정말 웃기는 재미를 좋아하지만, 호기심이 많은 아이들은 다큐멘터리 방식의 영상을 좋아한다. 동물을 좋아하는 아이도 있고, 춤과 노래가 주를 이루는 영상을 좋아하는 아이도 있다. 그림을 그리거나 만들기를 하는 것을 좋아하는 아이들도 있다. 아이가 평소에 관심을 가지는 것이 무엇이든 그에 맞는 영상을 찾아 주면 시키지 않아도 즐겁게 꾸준히 보게 된다.

아이가 영상을 보면서 말이나 행동을 따라 할 때 엄마의 리액션과 칭찬도 중요하다. 처음 우리말을 했을 때처럼 아이가 느낄 수 있도록 반응을 보여 주는 것이 중요하다. 발음을 지적하고 이를 교정하려고 하거나, 내용을 잘 이해하고 있는지, 단어의 뜻을 아는지 물어보며 아이의 기를 죽여서는 안 된다. 물어보고 싶으면 아이가 잘 알고 있어서 쉽게 대답할 수 있는 것을 물어보는 것이 좋다. 답을 했을 때 칭찬을 듬뿍 해 주면 아이의 자존감은 향상되고 엄마와의 그런 시간을 즐거워하게 된다. 무엇보다 매일 정해진 시간에 꾸준히 반복하는 것이 중요하다. 예를 들면 아이가 어린이집, 유치원, 학교 등에서 돌아와 간식을 먹는 동안 영상을 보는 것도 좋은 방법이다. 아이는 습관처럼 그 시간을 영어 영상 보는 것으로 인식하고 그 시간이 되면 이전의 좋은 경험들을 떠올리며 즐거운 마음으로 임할 것이다.

잘못해도 칭찬으로
격려해 주세요.

▶ 영상 바로 보기

좋아하는 것을 영어로

좋아하면 잘하는 아이들

"좋아하는 일을 해야 하나요, 아니면 잘하는 일을 해야 하나요?"

젊은 친구들의 인생 상담을 해 주는 책이나 프로그램에 단골로 등장하는 주제이다. 이런 질문을 하는 이유는 우리 사회에서 좋아하는 일을 하면서는 잘 먹고 잘 살기가 어렵다는 인식이 깔려 있기 때문일 것이다. 즐겁게 원하는 일을 하며 사회적인 성공을 이루는 것은 매스컴에 나오는 유명인들이나 가능하고, 보통은 하기 싫고 힘든 일을 참아야 남이 이루지 못한 성공을 할 수 있다고 생각하는 것 같다. 정말 힘들게 고생해야 그에 따르는 보상이 있는 것일까? 좋아하는 일을 하면서도 행복하게 살 수는 없는 것일까? 누구도 정답이 뭐라고 답하기 어려운 문제이다. 하지만 현서와 함께하면서 확신할 수 있는 것 하나는, 어릴 때 영어 습득을 시작하면 힘들이지 않고 즐겁게 할 수 있다는 것이다. 효과도 훨씬 좋다.

(학교에서 하는) 공부는 힘들다. 대부분의 사람들에게 그렇다. 공부가 즐겁고 쉽다는 사람들도 있다. 정말 지적 호기심이 풍부해서 그런 친구들도 있을 것이고, 칭찬 듣는 것이 좋아서 더 열심히 공부를 하는 친구들도 있을 것이다. 그것도 좋아서 잘하게 되는 것이고 잘해서 좋아하게 되는 것이니 나쁘지 않다. 좋아하는 것은 열심히 하게 되고 그러다 보면 잘하게 되는 것은 부정할 수 없는 사실이다. 분명한 건 현서도 공부보다는 노는 것을 훨씬 좋아하는 아이라는 것이다.

현서가 영어와 친해지도록 하기 위해 처음으로 했던 것은 현서가 좋아했던 애니메이션을 영어로 보여 주고, 영어 노래를 들려줬던 것이다. 유아기 아이라면 누구나 노래를 좋아한다. 수백 년 동안 구전으로 전해지다 지금은 전 세계 어린이들이 따라 부르는 'Nursery Rhymes' 같은 영미권의 전래 동요는 너무 훌륭한 영어 교재이다. 누구나 따라 부를 수 있는 쉬운 리듬과 흥미로운 스토리를 담고 있어서 오랫동안 많은 사람들의 사랑을 받는 것이다. 아이들에게 'Nursery Rhymes'로 만들어진 영상을 보여 주면 누구나 어깨를 들썩이며 따라 부르게 된다. 그리고 영상의 그림을 보면 노래의 이야기를 이해하고 간단한 단어도 자연스럽게 습득하게 된다. 이런 노래 영상 노출은 모국어를 배우는 것과 똑같은 방법으로 영어를 체득할 수 있는 최고의 영어 학습 시작 방법이다.

아이가 좋아하는 것과 연결시키기

한글을 읽을 수 있는 나이가 된 아이의 경우, 문자를 좋아하고 책 읽기를 즐긴다면 알파벳과 책으로 시작하는 방법도 나쁘지는 않다. 다만 언어로서의 영어를 배우는 것이 목표라면 동시에 듣기 노출도 충분히 시켜야 한다. 책 읽는 것만으로는 의사소통을 위한 영어를 습득하기에는 부족하다. 소리 내어 읽기는 물론이고 음원을 듣고 따라 말하기를 해야 효과가 커진다.

현서한테도 영어 그림책을 읽어 주고 스스로 읽도록 한 것이 좀 더 정확한 영어를 배우는 데 분명 큰 힘이 되었던 것은 사실이다. 영상에서 나오는 영어는 대부분 구어체이고 외국인 아이를 대상으로 한 것은 아니다 보니 정확히 알아듣거나 이해하기는 힘들다. 리더스나 쉬운 그림책에는 비교적 간결하고 정확한 문장으로 표현되어 있어 하고 싶었던 말이 있을 때 캐치하기가 더 쉽다. 하지만 현서가 정말 영어를 좋아하게 됐던 계기가 된 것은 미키마우스 클럽 하우스나 뽀로로, 페파피그 같은 영어 영상을 보면서부터이다. 처음에는 우리말로 보면서 좋아했던 애니메이션 시리즈를 영어로 틀어 줬는데, 전혀 거부감 없이 봤고 자연스럽게 영어 노출이 되었던 것이다. 이후에도 재미가 없을 수 있는 책이나 영어 교재를 이용한 영어 학습은 거의 하지 않았고, 좋아하는 영상을 보면서 즐겁게 영어를 접할 수 있는 환경을 만들어 주었다. 현서의 경우 영어 책 읽기는 영상 노출을 한 이후에 시작했다. 글자 수가 아주 적은 그림책부터 조금씩 글이 많아지는 책을 읽어 주었다.

아이들이 좋아하는 무언가와 영어를 연결시켜 주는 방법은 아이의 나이에 상관없이 굉장히 효과적인 방법이다. 엄마표 영어를 하는 경우, 많은 분들이 '해리포터' 원서를 읽는 것을 목표로 한다. 그러기 위해서 아이가 해리포터를 좋아하게 만드는 것이 첫 번째 목표일 것이다. 해리포터를 잘 모르는 아이에게 영어 원서를 들이밀었을 때 재미있게 읽을 수 있는 아이는 그리 많지 않다. 우리 집의 경우 현서가 1학년일 때 처음으로 해리포터 영화를 보여 줬다. 다행히 영화를 너무 좋아했다. 1편인 〈해리포터와 마법사의 돌〉부터 〈해리포터와 죽음의 성물〉까지 일곱 편의 영화를 모두 두 번 이상 봤다.

한번은 영어 원서 할인 이벤트 매장에 갔을 때 '해리포터' 시리즈를 원서를 구매한 적이 있는데, 2학년인 현서가 혼자 읽을 수 있는 수준은 아니었다. 3, 4학년이 되면 해리포터 원서를 혼자 읽을 것으로 기대하고 있다. 그러기 위해 앞으로 영화도 몇 번을 더 보고 한글 책도 읽도록 할 예정이다. 이 과정 없이 바로 원서를 본다면 모르는 단어와 문장이 많아 내용을 잘 이해하지 못해서 책 읽는 것을 재미없어 할 것이다. 하지만 이미 영화와 책으로 내용을 알고 있기 때문에 원서로 읽을 때 모르는 단어나 문장이 있어도 충분히 영화 장면을 떠올리며 유추가 가능하다. 다행히 책에는 영화에서 다 표현하지 못한 이야기들이 있어 책을 읽는 의미가 충분히 있다. 해리포터로 인해 영어를 좋아하게 되는 아이들도 꽤나 있을 것이다.

이렇게 해리포터를 좋아하는 아이들은 영화를 볼 때 한글 자막 대신 영어 자막으로, 또는 자막 없이 보도록 해도 그리 싫어하지 않을 것이다. 책도 한글 책을 읽은 후 영어 책을 읽겠다는 목표를 가지도록 해 주면 좋을 것이다. 물론 약간의 보상이 있으면 더 좋다. 가장 큰 보상은 이 과정에서 영어도 잘하게 되면서 스스로 느끼는 성취감일 것이다. 처음 영화를 봤을 때는 주인공 이름 말고는 하나도 들리지 않았는데, 내용을 알고 여러 번 보다 보니 더 많은 단어와 문장들이 들린다. 영어 책을 읽을 때도 처음에 전혀 엄두가 나지 않았는데, 영화나 한글 책을 통하여 내용을 다 알다 보니, 원서에 모르는 단어가 잔뜩 있어도 불편 없이 술술 읽어 나간다. 모르는 단어나 표현은 내 머릿속으로 그린 영화 장면이나 한글 책의 표현으로 채우면 된다. 아이들이 이런 성취감을 맛보면 시키지 않아도 더 열심히 하게 된다.

현서가 좋아했던 것

한창 입이 트이며 영어로 말하기를 시작하던 시기에 현서가 가장 많이 봤던 영상은 '마이 리틀 포니(My Little Pony)'이다. 얼마나 좋아하는지 넷플릭스에서 5개 시즌의 TV 시리즈와 7편의 영화를 몇 번은 반복해서 봤다. 개성이 강한 다양한 주인공 캐릭터들이 우정을 쌓아 가는 과정을 다룬 내용이어서 교육적이고 여자아이들이 좋아할 만한 강한 색과 예쁜 그림이 현서 마음에 쏙 들었나 보다. 영상을 즐겨 보는 동안 미니어처, 피규어, 스티커, 색칠 공부, 퍼즐 등의 장난감은 물론 책가방, 필통 등의 학용품까지 모두 '마이 리틀 포니' 캐릭터가 그려진 것들을 살 정도로 좋아했다. 이렇게 좋아하는 영상을 꾸준히 반복해서 보며 자연스럽게 영어 습득도 되었던 것이다. 아이 입장에서는 즐거운 시간을 보내고, 엄마 입장에서도 아이가 영어에 노출되니 얼마나 좋은 방법인가?

그러다 '마이 리틀 포니' 장난감을 언박싱하는 'Cookieswirl C'라는 유튜브 채널을 알게 되었다. 한참을 재미있게 보도록 두었더니 나중에는 유튜버처럼 영어로 장난감을 소개하는 연습을 하기 시작했다. 그러면서 다양한 영어 표현을 따라 하며 하나씩 익히는 것을 지켜보게 되었다. 현서는 유튜버처럼 장난감 언박싱하는 것을 좋아했고 이를 통해 영어로 말하고 싶은 욕구가 더 커진 것이다. 만약 엄마, 아빠가 장난감 언박싱이 비교육적이라는 이유로 하지 못하게 했다면 카메라 앞에서 밝은 표정으로 영어로 말하는 현서의 모습은 볼 수 없었을지도 모른다. 아이들이 좋아하는 것은 저마다 다를 것이다. 그게 무엇인지는 엄마만이 알 수 있다. 그걸 찾아 영어와 연결시켜 줄 수 있으면 남들이 좋다고 하는 책이나 교육 방법보다 훨씬 큰 효과를 볼 수 있을 것이다.

입장을 바꿔 엄마들이 중국어를 배워야 한다고 생각해 보자. 전문가들이 오랜 연구를 해서 개발한 교재가 있다. 굉장히 체계적으로 만들어졌지만 문제는 재미가 없다. 이렇게 중국어의 기초부터 하나씩 교재를 통해 문자부터 배우는 방법이 있다. 또 다른 방법은 엄마들이 좋아하는 중국 영화나 드라마, 아니면 한국 드라마나 영화를 중국어로 더빙한 영상을 반복해서 보면서 거기에 나오는 표현들 위주로 배우는 방법이 있다. 누구나 후자를 택하고 싶겠지만, "그렇게 해도 학습 효과가 있을까?"라는 의심 때문에 주저하게 될 것이다. 그런데 앞서 한국어를 잘하는 외국인들의 경우에서처럼 결국 그 언어를 잘하게 되는 사람들은 그 언어를 좋아하게 된 분명한 동기가 있고, 좋아하는 무언가를 찾아 꾸준히 했기 때문에 말을 잘할 수 있었던 것이다.

더욱 좋은 방법은 교재로 체계적인 공부도 하면서 좋아하는 영상으로 꾸준히 노출도 하는 것이다. 어른이냐 아이냐에 따라 그 순서와 비중이 조금씩 다르겠지만, 좋아하는 것이 있을 때 잘할 수 있는 것은 분명한 사실이다. 현서처럼 어린아이는 교재를 통한 학습이 전혀 없이, 좋아하는 영상을 보면서 영어를 체득하지만, 좀 큰 아이들, 예를 들면 초등학교 3학년 이상이나 어른은 교재를 통한 학습의 비중이 커지면 학습 효과도 더 크게 날 것이다. 어느 쪽이든 중요한 것은 꾸준히 해야 한다는 것이다.

따라쟁이 현서

따라 하기가 학습 본능인 아이들

아이를 키우는 부모라면 아이들이 모방을 통해 학습을 한다는 것을 알게 된다. 갓난아기 때는 엄마와 눈을 마주 보며 엄마가 웃으면 따라 웃고, 엄마가 인상을 찌푸리면 눈치를 보다 쭈뼛쭈뼛 양 눈썹을 모으며 엄마의 찌푸린 얼굴을 따라 하기도 한다. 일어나 앉기 시작하면 짝짜꿍, 쥠쥠쥠, 곤지곤지, 도리도리 등을 따라 하면서 인지 능력과 소근육을 발달시키기도 한다. 이런 모방을 통한 학습은 인간의 본능이다. 내 아이가 처음으로 '엄마'나 '아빠'를 말한 이후에는 어떤가? 엄마가 하는 모든 말에 귀를 기울이고 맘마, 물, 쉬처럼 자기에게 필요한 단어들부터 수없이 따라 말하며 익히게 된다. 형이나 언니가 있는 친구들은 그들이 하는 것은 뭐든지 유심히 보고 따라 하려고 한다. 그러다 보니 보통은 둘째들이 첫째보다 말도 빨리 배우고 눈치도 빠르다. 실제로 첫째 아이 영어 교육을 위해 영상을 보여 주거나 책을 읽어 주는데, 옆에 있던 둘째 아이가 더 빨리 흡수하는 경우가 흔하다. 이렇게 뭐든지 따라 하는 시기에 영어를 접하면 아무 거부감 없이 받아들이면서 자연스럽게 습득하게 된다.

다음 영상은 현서가 30개월일 때의 모습이다. 유튜브 채널 중 'Baby Big Mouth'라는 채널의 영상을 보고 있다. 시키지도 않았는데 영상을 보면서 'Green'을 읽어 주면 따라 말한다. 영상에서는 다른 말을 많이 하지 않고 가르치려는 단어만 강조해서 말한다. 아이들도 집중해서 보면서 따라 말해야 하는 타이밍을 본능적으로 알고 크게 따라 말한다.

스스로 따라 말하기를 하는 현서

▶ 영상 바로 보기

뭐든지 따라 할 때가 언어 학습의 최적기

유아기 때 영어 노출을 해서 좋은 점 중 하나는 아무런 거부감 없이 언어 그대로를 받아들이다 보니 원어민의 발음도 그대로 따라 한다는 것이다. 모국어가 완전해진 후의 영어 발음은 상대적으로 원어민에 가깝기가 어렵다. 의도적으로 혀를 굴리고 악센트도 신경 쓰면서 하지 않으면 안 된다. 중요한 것은 이렇게 보고 듣는 것은 뭐든지 따라 하려는 학습 본능은 아이가 자랄수록 그 강도가 약해진다는 것이다. 뇌가 발달하면서 더 많은 역할을 해야 해서 그러는 것인지, 호기심이 커지면서 더 다양한 것을 보고 싶은 욕구가 생겨나서 그러는 것인지 과학적인 이유는 모르겠지만 분명한 것은 나이가 들면서 무조건 따라 하기는 더 이상 하지 않는다는 것이다.

이와 함께 같은 책이나 영상을 반복해서 보는 횟수가 분명히 줄어들게 된다. 초등학교 고학년만 되어도 그러하고, 우리 어른들을 보면 더 분명해진다. 어릴 때는 같은 책을 계속 가져와서 읽어 달라고 하고, 좋아하는 영상은 수십 번을 반복해서 보여 줘도 깔깔대며 즐겁게 본다. 하지만 조금만 크거나 어른이 되면 아무리 좋아하는 영화나 드라마라고 해도 수십 번을 반복해서 보는 사람은 흔하지 않다. 현서도 7살까지는 같은 영화를 반복해서 보는 것을 좋아해서 짧은 기간 동안 여러 번을 반복해서 보면서 주요 표현들을 자연스럽게 습득했다. 그렇게 열 번 이상 반복해서 본 영화는 2016

년 개봉한 〈굿다이노〉가 마지막인 듯하다. 6살까지는 〈인사이드 아웃〉, 〈빅히어로6〉, 〈겨울왕국〉, 〈드래곤 길들이기〉 등 좋아하는 영화는 수십 번씩 반복해서 봤다. 하지만 그 이후에는 새로운 것을 보는 것을 좋아하지, 같은 영화를 서너 번 이상 보는 경우는 흔치 않았다.

언어도 결국 반복이기에 같은 영화를 수십 번 반복해서 보면서 그 영화에 나오는 주요 단어나 표현을 집중적으로 듣다 보면 자연스럽게 장기 기억으로 넘어가게 된다. 보는 대로 따라 율동을 하고, 듣는 대로 따라 말하는 이 시기가 사람의 일생 중 외국어를 체득하기에도 가장 좋은 시기이다. 이 시기를 놓치면 아무래도 영어 습득이 더 어려워지게 될 것이다. 이때를 놓치지 말고 아이들이 좋아하는 영상을 찾아 반복 노출을 시켜 주기 바란다.

우리말로 보면 안 되나요?

본격적으로 유튜브로 영어 영상 노출을 시켜 주기 전, 당시 전 세계 아이들의 대통령으로 불리던 뽀로로를 영어로 보여 주었다. 한번은 태블릿 PC에서 유튜브로 뽀로로를 영어로 틀었고 다른 일을 하고 있었다. 그리고 얼마 후 돌아와 보니 현서는 영어도 우리말도 아닌 처음 들어 보는 언어로 뽀로로를 열심히 보고 있는 것이었다. 도저히 알아들을 수 없는 외국어로 나오는데도 아랑곳하지 않고 깔깔대고 웃으며 보고 있었다. 4살이던 이때까지만 해도 아직 모국어가 완벽하지 않아서인지 영어, 러시아어, 인도어 등 어떤 외국어로 들어도 이해하지 못하는 것이 크게 불편하지 않았던 것 같다. 자기가 좋아하는 뽀로로와 친구들이 나와서 재미있는 이야기가 전개되는 것만으로도 충분히 몰입할 수가 있었고, 그 들이 하는 말은 우리말이든 외국어든 크게 상관이 없었던 것 같다. 그 후로는 영어로만 보여 주었고 자연스럽게 영어에 노출이 되면서 조금씩 습득이 되었을 것이다.

문제는 현서가 만으로 50개월쯤 되던 때 찾아왔다. 그렇게 꾸준히 영어 영상 노출을 시켜 주다, 5살 여름 어느 날 평소 수없이 반복해서 봤던 디즈니 영화 〈인사이드 아웃〉을 아빠가 영어로 같이 보려고 틀었다. 그런데 현서가 "아빠, 우리말(더빙판)로 보면 안 돼요?"라고 처음으로 물어보는 것이었다. 지금 생각해 보니 현서가 이때쯤 모국어가 완전하게 자리 잡았고, 영어로 들으면서 못 알아듣는 것이 불편해지기 시작했던 것 같다. 다행히 영어로 보자고 잘 설명을 하니 큰 불만 없이 수긍을 했고 그 이후로도 꾸준히 영어로 보고 있다. 아이들마다 개인차는 있어 정확히 몇 살이라고 단정 짓기는 어렵지만, 모국어가 완전해지기 시작하면 아이들이 영어로 보는 것을 거부하기 시작할 수도 있다. 현서도 이 시기가 찾아오기 전부터 영어 노출을 시켜 주지 않았다면 영상을 영어로 보는 것을 싫다고 했을 것이다. 우리말로 들을 때는 다 이해를 하는데, 영어로는 못 알아듣는 부분이 있어서 불편했던 것이다. 모국어가 완전히 자리 잡은 이후에는 아이들이 영어 영상과 친해지기가 그만큼 어렵고, 여기에 익숙해지기까지 몇 배의 시간이 더 필요하게 되는 것이다. 참 다행히도 현서는 약 40개월부터 매일 규칙적으로 영어 영상 노출을 시작했고 이 때문에 큰 거부감 없이 자연스럽게 영어도 모국어 습득하듯이 익히게 된 것 같다.

영어 교육은 언제 시작하면 좋을까요?

영어 교육을 언제 시작하는 것이 좋은지에 대해 다양한 주장이 있다. 결국 선택은 부모의 교육 철학과 영어 교육의 목적에 따라 달라질 것이다. 우리 집 의견을 묻는다면, 만약 지금 현서 동생이 생긴다면, 36개월까지는 모국어를 제대로 하는 데 집중하겠다. 우리말 책을 많이 읽어 주고 우리말로만 의사소통을 하고, 영어는 'Nursery Rhymes' 같은 동요를 들려주는 선에서만 하겠다. 그리고 36개월 이후부터 영화나 애니메이션 등으로 본격적인 노출을 시작할 것이다. 우선 모국어를 제대로 하는 것이 중요하다고 생각한다. 현서에게 해 줬던 것처럼 자기 전에 꼭 자장가를 불러 주고, 조금 더 크면 한글 책도 읽어 줄 것이다. 가장 중요하게 할 것은 잠자리 독서. 물론 한글 책이 우선이고 36개월부터 영어 영상 노출과 함께 잠자리에서 영어 책도 읽어 줄 것이다.

앞으로 또 다루겠지만 영어 영상 노출을 시작하기 전에 반드시 아이들에게 필요한 습관은 독서이다. 아이들이 책을 좋아하게 하는 가장 좋아하는 방법은 이른 시기에 시작하는 잠자리 독서라고 생각한다. 초등학교에 입학한 이후에 독서 습관을 잡아 주려고 하면 여간 어려운 일이 아니다. 현서 같은 경우는 스스로 좋고 싫고를 판단할 수 있기 전부터 잠자리 독서나 책 읽는 습관을 들이자 그것이 그냥 일상이 되었다. 영어 듣기도 마찬가지다. 아직 우리말이 완전해지기 전부터 영어 노출을 하니 외국어라는 인식도 하지 못한 채 거부감 없이 영어를 받아들이고 또 다른 모국어처럼 느끼게 되었다. 잠자리 독서와 영어 노출을 너무 늦지 않게 시작하기 바란다.

✦ 영어 노출 최적의 시기

영어 영상을 별 거부감 없이 잘 보던 현서가 50개월부터 한글 더빙판으로 보면 안 되는지 묻기 시작했다. 모국어가 완전해지면 영어로 듣기가 불편하다. 이런 이유로 36개월 정도부터 영어 노출을 시킬 것을 추천한다.

현서의 아웃풋

아무 기대 없이 인풋만 3년!

인스타그램을 운영하면서 하루 하나의 피드(인스타그램에 올리는 영상, 사진, 글이 포함된 게시물)를 꼬박꼬박 올리면서 어떤 콘텐츠가 엄마들에게 도움이 될지 고심하게 되었다. 현서가 영어를 잘하는 모습을 보고 처음에는 다들 신기하다고 많은 관심을 보였지만 이러한 반응은 차츰 시들해졌다. 현서가 잘하는 건 충분히 알았으니 다음은 내 아이에게도 적용할 수 있는 구체적인 방법이나 팁이 필요한 것이다.

처음에는 어떤 것을 알려 드려야 할지 몰라 고민을 많이 했다. 그래서 현서가 봤던 유튜브 채널의 리스트를 주고 "이 중에서 아이가 좋아하는 것을 찾아 꾸준히 보여 주는 것이 중요하다.", "학습으로 느끼지 않고 즐길 수 있도록 해야 한다.", "다양한 영상보다 같은 영상을 반복해서 보여 주는 것이 효과적이다.", "모국어 배우듯이 꾸준한 노출만 시켜 주면 된다." 등 일반적인 방법만 알려 주었다. 이렇게만 말해도 충분히 할 수 있을 거라 생각했기 때문이다. 그러다 '우리가 했던 이 쉬운 방법을 왜 못하지? 그냥 아이가 좋아하는 영어 영상만 찾아서 매일 꾸준히 보여 주기만 하면 되는데 그게 그렇게 어려운가?'라는 의문이 들게 되었다.

다른 가정의 환경을 겪어 보지 않았기 때문에 어디서 막히는지, 왜 안 되는지 알 수가 없는 것은 당연했다. 물론 쉽게 받아들이고 실천하는 분들도 있었지만, 대부분의 엄마들한테는 그런 두루뭉술한 방법은 큰 도움이 되지 않았다. 그러다 보니 자연스럽게 엄마들이 아이를 키우면서 어떤 고민을 하는지 유심히 관찰을 하게 되었고 현서처럼 하지 못하는 이유를 하나둘씩 알아 가게 되었다.

인스타그램으로 많은 엄마들과 댓글로 소통하고 그중 100여 명의 엄마들에게 신청을 받아 1시간씩 1:1 상담도 했었다. 다양한 고민을 이야기하고 왜 안 되는지에 대한 많은 얘기를 들으면서 알게 된 결론이 하나 있다. 그것은 대부분의 엄마들은 현서처럼 아웃풋 없이 3년을 버티기가 힘들다는 것이다. 상담 신청을 한 분들 중에는 현서처럼 어렸을 때부터 영어 노출을 시켜 주는 방법을 이미 실천하고 있는 분들이 많았다. 무엇보다 아이들이 영어를 공부로 느끼지 않고 즐길 수 있으면 하는 마음에 그렇게 시작했다고 한다.

그런데 문제는 주변 엄마들이 그렇게 해서 정말 되겠냐고 회의적인 반응을 보이면서, 빨리 학원을 보내거나 알파벳, 파닉스를 하고 책 읽기부터 시작해야 한다고 말하는 경우에 생긴다. 처음에는 그런 말에 휘둘리지 않고 꿋꿋이 하지만, 영상이나 듣기 노출을 1년 넘게 해도 이렇다 할 아웃풋이 나오지 않으면 슬슬 초초해지기 시작한다. '과연 내가 잘하고 있는 건가?', '이 방법이 정말 맞는 건가?' 하고 의심을 하기 시작한다. 영상이나 동요 등으로 노출을 하는 방법이 게으른 엄마의 잘못된 방법이라는 죄의식도 느끼게 되고 자신감도 없어진다. 아웃풋이 나오지 않는 채로 시간만 가면 더 조급해지고 불안한 마음이 들다가 결국 다른 엄마들이 하는 방법을 따라 하게 되는 경우가 많다.

상담 신청을 하는 엄마들은 이런 불안감에 방법을 바꾸려는 고민을 하는 중이었고, 마침 인스타그램에서 자신이 믿었던 방법으로 좋은 효과를 본 현서를 보고 고민을 털어놓게 된 것이다. 얘기를 들어 보면 너무나 좋은 의도로 시작해 1년 이상 잘해 왔는데 문제는 아이가 눈에 보이는 아웃풋이 없어 방법을 바꿔야 하나 고민이라는 것이다. 그런 분들께 현서도 3년 동안 아웃풋이 없었다고, 잘하고 있으니 지금처럼 조금만 더 하면 된다고 하면 너무 기뻐하며 안심하게 된다.

우리에게 뭔가 특별한 노하우나 비법이 있었던 것이 아니다. 현서가 다른 아이들과 가장 달랐던 것은 엄마, 아빠가 큰 기대를 갖지 않고 영어를 꾸준히 즐겁게 할 수 있는 것에만 초점을 맞췄다는 점이다. 기대가 크지 않으니 뭔가 성과를 바라면서 조급해하지 않았고, 주변에서 어떻게 하는지에도 별로 관심이 없었다. 그러니 남보다 뒤쳐진다는 불안감도 느낄 필요가 없었다. 다만 영어와 독서가 중요하다는 교육 철학을 가지고 있어서 그 두 가지에는 다른 무엇보다 우선순위를 두고 꾸준히 시간을 투자했다.

그런데 모든 집이 우리처럼 생각하는 것 같지는 않았다. 아이들이 할 것이 너무 많아서 바쁘다. 부모님도 천천히 기다리기보다 눈에 보이는 빠른 성과가 나오는 학원이나 영어 공부 방법을 택하게 된다. 주변의 여러 가지 환경들이 아이들이 즐기면서 꾸준히 할 수 있도록 내버려 두지 않는다. 그럴 때마다 생각하면 좋겠다. 현서도 3년 동안 아웃풋이 전혀 없었다는 것을. 다른 아이와 비교하기보다 아이가 정말 좋아하는 것을 할 수 있도록 믿고 지지하는 것이 중요하다. 그리고 지금도 잘하고 있으니 다른 사람들의 말에 휘둘리지 말고 끝까지 버티라는 말을 꼭 전하고 싶다.

입이 터지는 건 한순간

현서가 우리말을 빨리 한 것은 아니다. 언어 감각이 남달리 뛰어난 것이 아니라는 것이다. 현서가 어린이집을 다니기 시작한 24개월까지만 해도 엄마, 할미, 맘마, 이모 등의 단어 몇 개를 겨우 말하는 정도였다. 그런데 어린이집에 다니기 시작하고 6개월 동안 우리말이 빠른 속도로 늘어서 30개월이 되어서는 자신의 생각을 어느 정도 완성된 문장으로 표현하며 엄마와 의사소통을 할 수 있는 정도가 되었다. 아이가 말을 하는 시기는 평소 모국어 노출 정도나 아이의 성향에 따라 달라진다고 한다. 현서 같은 경우는 엄마와 단둘이 있는 시간이 많다가 할머니, 이모들과 살고 어린이집을 다니기 시작하면서 우리말 노출이 많이 늘었다. 22개월부터 외계어로 옹알이를 한참 하더니 어린이집을 다니면서 한두 단어 뱉어 내던 수준에서 완전한 문장으로 말하기 시작한 것이다. 우리말도 충분

개월별 우리말 하는 영상

▶ 영상 바로 보기

한 노출을 하고 아웃풋을 해야 하는 환경이 되니 빠른 속도로 늘었던 것이다.

현서가 우리말을 문장 수준으로 말하기 시작한 것이 30개월이라고 하면 그 전에 최소 일 년 이상의 꾸준한 우리말 노출이 있었다. 영아기 때는 엄마가 하는 말이 노출의 대부분이었을 것이고, 유아기가 되면서부터는 TV나 어린이집 선생님 등의 노출 환경이 추가될 것이다. 이 유아기 때 모국어 노출 양에 따라 아이의 말하기 시기가 정해지는 것이다. 영어도 크게 다르지 않다. 아웃풋을 하기 전까지는 충분한 인풋이 절대적으로 필요하다. 일상에서 자연스럽게 노출되는 모국어와 달리 시간을 내서 노출시켜야 하는 영어의 경우 모국어와 비슷한 양의 노출을 하려고 하면 더 오랜 시간이 필요하다. 현서 같은 경우는 4살부터 대략 매일 한 시간씩 영상으로 노출을 시켰다. 그리고 3년이 되어서 영어 말하기 프로그램을 시작했을 때 입이 봇물 터지듯이 터지기 시작했다.

아이마다 다르겠지만 현서를 기준으로 보면, 영어는 매일 한 시간씩 3년을 노출시킨 후에 말하기 아웃풋이 나오기 시작했다. 단순 계산을 하면 3년 동안 1,095일, 대략 1,000시간이다. 말하기 프로그램을 시작하지 않고 인풋만 계속했다면 말은 더 느려졌을 수 있다. 반대로 조금 더 일찍 했다면 더 빨라졌을 수 있었을지도 모르겠다. 하지만 여기서 포인트는 모국어든 영어든 절대적인 인풋이 필요하다는 것이다. 현서가 했던 1,000시간의 인풋은 영상을 통한 듣기만 해당한다. 엄마가 영어 책을 읽어 주거나 스스로 읽으면서 했던 인풋은 포함하지 않은 시간이다.

현서의 경우 우리말은 서서히 늘었지만 영어 같은 경우는 정말 급격하게 늘었다. 지금 생각해 보면 중간 과정 없이 어느 날 갑자기 영어를 유창하게 하게 된 느낌이다. 마치 어학원의 기초반에 막 시작을 했는데 초급반을 건너뛰고 중급반으로 올라간 느낌이다. 인 풋이 넘칠 정도로 충분히 되었기 때문이 아닐까 싶다. 참 아쉬운 것은 이런 현서의 중간 과정을 영상으로 남겨 둔 것이 없다는 것이다. 이렇게 잘하게 될 줄 알았다면, 그런 기대를 가지고 글이나 영상을 기록으로 남겨 두었으면 더 좋았을 텐데 처음부터 큰 기대나 계획을 세워 시작했던 것이 아니라서 모든 변화 과정을 영상으로 보여 드릴 수 없다는 것이 아쉽다.

가상 세계로 떠나는 어학연수 - 호두잉글리시

운이 참 좋았던 것은 별 기대 없이 인풋만 3년을 하던 시점에 말하기를 본격적으로 할 수 있는 기회가 생겼다는 것이다. 당시 영어 교육업체에서 사업팀을 맡고 있어서 자연스럽게 다양한 교육 상품들을 알게 되었다. 우연한 기회에 '호두잉글리시'라는 영어 말하기 프로그램을 알게 되어 현서 엄마한테 추천하였다. 현서 엄마도 마침 현서가 말하기를 해야 하는 시점이라 영어 학원을 보내거나 화상 영어라도 해야 하는지 고민 중이었다. 그런데 프로그램을 한 번 보더니 현서한테 딱 맞는 것 같다고 해서 바로 맘카페에서 공구를 통해 1년 이용권을 구매했다. 그게 현서가 7살이던 해 3월이었고 9살이 된 현재까지 매일 한 시간씩 즐겁게 하고 있다. 학원 한 번 안 가고 사교육비 크게 안 들이고 영어를 한 현서가 직접 돈을 주고 구매한 영어 교육 콘텐츠는 딱 두 개. 하나가 말하기를 위한 호두잉글리시이고 다른 하나는 리딩앤 ORT 퓨처팩이었다. 이 두 제품과 현서가 좋아하는 모 윌렘스(Mo Willems)나 로알드 달(Roald Dahl)의 책이나 해리포터 원서 구매 외에는 영어 교육을 위해 돈을 들인 것이 거의 없다.

특히 말하기는 온전히 호두잉글리시로 했다고 해도 과언이 아니다. 3D 가상 세계로 떠나는 어학연수라는 제품의 콘셉트도 현서네가 생각하는 가정 내 영어 노출 환경 구축과 일맥상통했다. 경제적인 여유만 있다면 조기 어학연수를 보내거나 영어 유치원을 보내서 그런 환경을 만들어 줄 수 있었겠지만, 우리 집은 그런 경제적인 여유도 없었고 설사 여유가 된다고 해도 영어를 배울 목적으로 가족이 생이별을 하고 싶은 생각은 없었다. 적당한 때에 딱 필요한 프로그램을 만나게 되었고 엄마도 현서의 성향에 딱 맞는 흥미로운 프로그램이라고 생각해 주저 없이 구매해 활용했던 것이 지금 돌아보면 정말 신의 한 수였다. 아빠가 미디어나 디지털 기기 등 ICT를 활용한 교육에 거부감이 없고, 심지어는 미래를 살아갈 아이들에게는 꼭 필요한 역량이라고 생각했기에 전혀 문제가 되지 않았다. 게임 방식의 진행도 놀기를 좋아하는 현서한테는 딱이었다. 특히 요즘처럼 코로나로 학교, 학원 수업이 어려워 비대면, 원격 수업으로 전환된 시기에 활용하기에 최고의 말하기 프로그램이다.

호두잉글리시는 3D 가상 세계에 데빌몬이라는 악당들이 나타나 사람들의 언어를 빼앗아 가고, 그 언어를 되찾기 위해 몬스터들과 싸워야 하는 RPG 게임 방식의 세계관에 기반하고 있다는 점도 굉장히 흥미로웠다. 몬스터와의 배틀(Battle)도 보통의 게임처럼 싸움을 하는 것이 아니라 영어 표현을 말해서 적을 물리치는 것

온라인 프로그램을 활용하여 말하기 연습을 하는 현서

▶ 영상 바로 보기

이다. 세상을 구하는 것은 폭력이 아니라 소통이라는 콘셉트도 좋았다. 매일 말을 잃어 버린 친구를 만나게 되고 그 친구가 말을 찾는 것을 돕기 위해 다양한 미션을 해결해야 한다. 그러기 위해 다양한 캐릭터들을 만나 말을 걸고 그들을 도우며 문제 해결(Problem Solving) 능력을 키울 수 있다는 것도 너무 재미있는 흐름이었다.

현서가 3년 가까이 스스로 재미있게 하는 이유도 게임의 흐름을 이끄는 스토리가 너무 재미있어서 그 다음에 어떤 일이 벌어질지 궁금하기 때문이다. 이렇게 재미있게 매일 꾸준히 하다 보니 현서의 영어는 몰라볼 정도로 늘었다. 물론 선생님을 통해 정확한 표현을 배우거나 문법 공부를 제대로 한 적이 없어서 틀린 표현을 쓰는 경우가 아직도 많다. 하지만 전혀 걱정을 하지 않는 것은 틀린 부분은 때가 되면 스스로 고쳐 나갈 것이라는 강한 믿음이 있기 때문이다. 이 시기는 정확히 말하는 것보다 틀려도 무조건 많이 말하면서 영어에 대한 두려움을 멀리하고 자신감을 갖는 것이 훨씬 중요한 시기라고 생각하기 때문이다. 이제 막 우리말을 하려는 아이한테 자꾸 틀렸다고 지적을 한다고 생각해 보라. 과연 그 아이가 말을 할 수 있을지. 그냥 입을 닫아버릴 수도 있을 것이다.

* 책 뒷면에 '호두잉글리시'를 무료 체험을 할 수 있는 쿠폰 번호 수록

폴 네이션 교수의 'Four Strands'

영어 교재 출판사에서 일하면서 여러 전문가들을 만나 강연도 듣고, 다양한 교육 이론도 접할 기회가 많았다. 영어 선생님들이 주요 고객이었던 이전 회사에서는 영어 교육 분야의 석학들과 종일 세미나를 하는 행사를 매년 열었다. 그중에 가장 인상적인 이론을 제시했던 분이 폴 네이션(Paul Nation) 교수이다. 출간한 책 중에 《What Should Every EFL Teacher Know(모든 EFL 선생님이 알아야 하는 것)》이라는 책이 있다. (Compass Publishing 2013) 이 책에 영어 선생님들이 완전한 교육과정을 만들기 위한 'Four Strands'라는 개념이 나온다. 이 네 가닥(four strands)은 인풋, 아웃풋, 언어 기능, 유창성 강화이다. 영어를 배우는 동안 이 네 영역이 마치 네 개의 가닥처럼 균형 있게 학습이 되어야 의사소통이 가능한 실용적인 언어 학습이 된다는 것이 폴 네이션 교수의 주장이다.

영어를 외국어로 배우는 EFL(English as a Foreign Language) 환경의 국가에서 언어 학습의 본질인 의사소통 능력을 개발하기 위해서 인풋과 언어 기능뿐 아니라 말하기, 쓰기 위주의 아웃풋 학습과 이미 아는 단어, 문장들을 활용하는 유창성 개발 학습에도 각각 25%씩 균등하게 할애해야 한다고 주장한다.

문제는 EFL 환경에서는 충분한 영어 노출이나 아웃풋 연습을 할 수 있는 여건이 안 된다는 것이다. 학교나 학원의 경우 많게는 수십 명의 학습자로 구성되어 있어 충분한 아웃풋이나 유창성을 강화할 수 있는 수업이 현실적으로 어렵다. 가정에서도 학부모가 원어민이나 영어 능통자가 아니라면 전화 영어, 화상 영어 등으로 월 수십 만원의 비용이 들어야 가능한 학습 방법이다. 그러다 보니 교과목으로 영어를 배우며 시험에 좋은 성적을 받기 위해 단어 암기나 문법 위주의 수업에 집중할 수밖에 없는 실정인 것이다.

현서네는 유튜브와 넷플릭스, 구글 영화 등을 이용해 영어 인풋을 할 수 있는 노출 환경을 만들어 줬고, 말하기 아웃풋 환경은 호두잉글리시로 만들어 주었다. 유튜브는 광고가 나오지 않도록 프리미엄에 가입했고, 넷플릭스도 몇 년째 구독을 해서 보고 있다.

STRANDS	정의	예시	%
Meaning-focused input	듣기, 읽기를 통한 학습	레벨에 맞는 어휘로 쓰인 graded readers 읽기	25%
Meaning-focused output	말하기, 쓰기를 통한 학습	자기 자신이나 관심 있는 것에 대해 다른 학습자에게 말하기	25%
Language-focused learning	언어의 특성에 집중한 학습	발음, 어휘, 문법 학습	25%
Fluency development	이미 아는 것을 최대한 활용하기 위한 학습	그림책 다독, 콘텐츠 반복 노출, 아는 표현 반복 말하기 연습	25%

넷플릭스에 없는 영화는 구글 영화에서 구매해서 반복해서 봤다. 이렇게 하면 월 2~3만 원 정도가 든다. 호두잉글리시는 20만 원 초반대 가격으로 1년 이용권을 구매했다. 한 달 학원비도 안 되는 과정으로 그 이상의 효과를 본 것이다. 전체적인 비용을 대략 계산해 봐도 현서네는 월 5만 원도 들이지 않고 집 안에 해외 어학연수를 가는 것과 비슷한 환경을 만들어 준 것이다. 효과는 현서가 말하는 영상을 보면 알 수 있을 것이다.

현서 7살,
1월에 책 읽기

▶ 영상 바로 보기

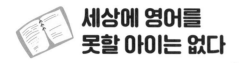

세상에 영어를
못할 아이는 없다

엄마, 아빠가 영어를 못해도 아이는 영어를 잘할 수 있을까?

현서가 영어를 하는 모습을 본 엄마들은 사교육 없이도 어떻게 그게 가능했는지 궁금해한다. 동시에 현서가 보통의 아이들보다 똑똑하고 언어 감각이 있어서 그런 거라고 여기거나 엄마, 아빠가 영어를 잘하기 때문에 가능한 것이라고 생각하는 분도 있다. 아쉬운 것은 이렇게 좋은 방법을 우리 아이 또는 우리 집에서는 불가능한 방법이라 판단을 하고 시도도 해 보지 않고 포기하는 경우이다. 이 두 문제에 대해 정리해 보려고 한다.

영미권 대학에 가기 위해서는 TOEFL이나 IELTS 시험을 봐야 한다. 이 시험은 공통적으로 자신의 주장을 논리적으로 글로 쓰는

'Essay Writing'이 포함되어 있다. 여기에 자주 등장하는 주제 중 하나가 'Nature'와 'Nurture' 중 무엇이 아이의 교육에 더 큰 영향을 미치는지에 대해 자신의 생각을 쓰라는 문제이다. 'Nature'는 선천적 요인인 물려받은 유전자를, 'Nurture'는 후천적 요인인 길러진 양육 환경을 말하는 것이다. 사실 이 주제는 과학자들 사이에도 아직까지 의견이 분분한 어려운 주제이다. 나름 교육에 관심이 많아 꾸준히 교육 관련 책이나 전문가들의 주장을 관찰한 나의 견해로는, 이런 주장에도 흐름이 있는 것 같다.

예전에는 선천적인 재능이 중요하다는 유전학적인 주장이 주를 이루었다. 한 가지 예로 우리가 국민학교(초등학교)를 다닐 때는 IQ(지능 지수) 검사를 하고 생활기록부에 모든 학생의 IQ가 기록되어 있었다. IQ가 학생들의 성적과 연관이 있을 것이라는 가정하에 기록을 했을 것이다. 실제로 현서 아빠도 중학교 1학년 담임 선생님과 상담에서 IQ에 대해 언급한 기억이 있었다. 지금 생각해 보면 과학자들이 사람의 지능을 측정하여 하나의 수로 나타낸다는 발상을 했다는 것이 쉽게 이해가 되지 않는다. 측정할 때는 분명 다양한 분야를 골고루 테스트하지만 결과는 단 하나의 숫자로 표시해 버렸다. 머리가 좋고 공부를 잘하는 사람들이 중시되었던 시대적인 배경 때문에 그랬을까? 학자들이 연구한 결과를 이해하기 쉽고 간편한 방법으로 전달하기 위해서 그랬던 것일까?

다행인 것은 시간이 지나면서 IQ보다 EQ(감성 지수)가 중요하다는 주장을 하는 학자들과 전문가들이 많아졌다. 시간이 더 흐르자 다중 지능 이론 등이 나오면서 지능 이외의 언어, 논리 수학, 공간, 음악, 신체 운동, 대인 관계, 자기 이해, 자연 탐구 등 다양한 능력들도 중요하게 평가를 받았고 이를 발전시키는 다양한 연구가 이루어졌다. 사람 개개인의 능력을 더 다양한 방법으로 나누어 평가를 한 것이다. 하지만 이들 대부분 선천적으로 물려받은 유전자, 타고난 재능을 더 중요하게 여기는 것들이었다.

그리고 최근에는 이런 재능보다 중요한 GRIT(근성)에 대한 이야기도 크게 주목을 받고 있다. 특히나 스포츠, 예술 같은 분야에서는 재능이 무엇보다 중요하다고 생각했었지만, 아무리 재능이 있어도 포기하지 않고 꾸준히 할 수 있는 GRIT이 없다고 하면 한 분야에서 크게 성공하기가 힘들다는 것은 누구도 부정하지 않는다.

현서가 남다른 언어의 재능이 있어 영어도 쉽게 배웠다고 보는 엄마들도 있다. 그런데 우리말은 24개월이 되어서도 단어 수준으로만 뱉어 내고, 만 30개월이 되어서 겨우 완성된 문장으로 말을 하기 시작했으니 절대 말이 빠른 편은 아니었다. 보통 친구들보다 언어에 소질이 조금 있을지는 모르지만, 천재적인 언어 감각이 있다고 볼 수 있는 수준은 아니다. 설령 그렇다고 해도 남들보다 조금 더 우리말이나 영어를 빨리 배우는 것일 뿐이다. 언어 감각이 떨어지는 아이가 있다고 해도 남들보다 시간이 조금 더 걸릴 뿐 우리말을 못하는 경우는 없다는 것이다. 영어도 마찬가지이다. 언어 감각이 부족해도 말을 하는 데 시간이 조금 더 필요할 뿐이다. 맞는 방법만 찾으면 충분히 더 짧은 기간에 영어를 습득할 수 있다. 그러니 절대 내 아이가 언어 감각이 떨어져서 안 될 거라고 포기하거나 부정적인 생각을 갖지 말아야 한다. 부모의 그런 인식은 아이에게도 전혀 도움이 되지 않는다. 은연중에 아이에게 부모의 생각이 보이게 되고 아이는 이로 인해 자신감을 잃을 수도 있다.

사실 이보다 부모가 영어를 못해서 걱정하는 경우가 더 많은 듯하다. 상담을 하다 보면 못난 부모를 만난 아이에게 미안한 마음에 죄책감까지 느끼는 분들도 있다. 절대 그런 생각을 할 필요가 없는데 너무 안타까운 마음이 들었다. 부모가 모르면 좋은 방법을 찾아 주면 된다. 이 책을 읽는 분들은 이미 그런 노력을 하고 있는 것이다.

반대로 부모가 영어를 잘하는데도 아이는 기대만큼 영어를 잘하지 못하는 경우도 어렵지 않게 찾을 수 있다. 물론 엄마, 아빠가 영어를 잘하면 아이가 영어를 배울 때 도움이 되는 부분이 있다. 그러나 현서의 경우 아빠가 영어 교육 업계에서 일을 오래 했고 영어를 좀 하긴 하지만, 현서를 앉혀 놓고 같이 공부를 한 적은 거의 없었다. 그렇다고 평소에 영어로 대화를 하는 것도 아니다. 그저 영어가 중요하고 어렸을 때부터 시작하면 좋다는 것에 대한 확신이 있었기 때문에 현서에게 맞는 방법을 찾을 때까지 포기하지 않고 다양한 방법을 시도했을 뿐이다.

김연아 선수 부모님도 피겨 스케이팅에 대해서는 전혀 몰랐고, 박지성 선수 부모님도 마찬가지다. 아이들이 뭔가 잘하기 위해 반드시 부모님이 그 분야의 전문가일 필요는 없다. 반대로 분야 최고의 전문가라고 해서 그 자녀가 같은 분야에서 두각을 나타내는 것도 아니다. 같은 이유로 현서 아빠가 과학이나 미술 등 다른 과목을 잘 모르기 때문에 현서가 잘할 수 없을 거라는 생각도 하진 않는다.

모든 걸 다 잘할 필요도, 그럴 수도 없다. 다만 아이가 잘하고 싶어 하는 게 있으면 부모의 노력으로 그에 맞는 환경을 만들 수 있다고 믿는다. 물론 상당한 노력이 필요하겠지만 말이다. GRIT은 아이들이 학습을 할 때만 필요한 것이 아니다. 부모도 실패하고 좌절해도 포기하지 않고 다시 일어나 원하는 것을 얻을 때까지 계속할 수 있는 근성이 필요한 것이다.

부모가 직접 가르치는 것은 여러 가지 방법 중 하나일 뿐이다. 아이들이 부모로부터 보고 배우는 건 같이 책상에 앉아 공부를 할 때만 벌어지는 일은 아니다. 직접 가르치진 않더라도 나에 대한 부모의 사랑과 관심, 노력과 헌신을 보고 자란 아이는 그렇지 않았던 아이들과 분명 다를 것이다.

도연이 사례

이렇게 얘기해도 안심이 안 되는 분들을 위해 엄마, 아빠가 소위 영알못(영어를 알지 못하는)이지만, 두 아이가 원어민처럼 영어를 구사하는 가정을 소개하려고 한다. 도연이는 현서와 같은 9살이고(2012년생) 동생 태영이는 6살이다. 도연이 엄마는 인스타그램에서 현서가 영어를 하는 영상과 방법을 소개한 글을 보고 메시지를 보내왔다. 도연이와 태영이도 현서네처럼 영상 노출과 영어 책 읽기를 주로 시켰다. 매일 3시간씩 일 년을 노출시킨 어느 날 도연이가 "엄마, 영어가 우리말처럼 들려!"라고 말을 했다고 한다. 그 후 영어 학원에서 원어민 선생님과 회화 수업을 시작했고, 지금은 두 남매끼리 말할 때는 영어로만 대화할 정도로 말하기가 익숙해졌다고 한다.

도연이 엄마, 아빠는 지극히 평범한 영어 실력을 가진 보통의 한국 학부모이다. 살고 있는 지역도 영어 교육 환경이 좋다고 하긴 어려운 곳이었다. 그럼에도 별다른 사교육 없이 도연이, 태영이를 영어 유치원 출신 친구들 부럽지 않은 영어 실력을 가진 아이들로 잘 키워 내셨다. 엄마, 아빠가 영어를 못한다고 해서 엄마표 영어를 못하는 것은 아니라는 말을 꼭 하고 싶다. 이 장 마지막 부분에 도연이가 영어를 체득한 과정에 대해 엄마가 직접 작성한 것을 수록하였으니 꼭 참고하길 바란다.

도연이 엄마와 이야기를 나누다 발견한 공통점이 몇 가지 있었다. 첫째는 두 집 모두 아이들이 영어를 즐겁게 할 수 있는 방법을 찾기 위해 노력했고 조급한 마음을 갖지 않았다는 것이다. 둘째는 두 집 모두 영어 노출을 하기 전 상당한 양의 한글 독서가 이루어지고, 영어를 하면서도 꾸준히 한글 책 읽기를 했다는 점이다. 셋째는 두 집 모두 아빠가 아이들 교육에 관여했다는 것이다. 도연이 아빠도 아이들 잠자리 독서나 영어 영상 보기에 적극적으로 참여했다. 그리고 마지막으로 두 집 모두 TV는 전혀 보지 않았다는 점이다. 정작 엄마, 아빠의 영어 실력보다 중요한 점은 이런 것들이 아닌가 싶다.

도연이네처럼 부모가 영어를 못하지만 아이들이 영어를 잘하는 경우는 전국 곳곳에 있을 것이다. 그러니 엄마, 아빠가 영어를 못해서 아이들한테 미안한 마음을 가지거나, 시작도 하기 전부터 포기하는 일은 절대 없으면 좋겠다. 현서나 도연이네가 했던 방법이 바로 그런 분들도 할 수 있는 방법이니 조급한 마음을 버리고 아이들이 즐겁게 꾸준히 할 수 있도록 잘 안내만 해 주면 된다.

현서의 동기 부여 요소들

어른이든 아이든 자기가 좋아하는 일은 정말 신나고 재미있게 할 수 있다. 현서는 재미있는 영상을 보며 자연스럽게 영어 노출을 시작했기 때문에 별다른 동기 부여가 필요하지 않았다. 지금까지도 영어를 잘하게 할 의도로 동기 부여를 했던 기억은 거의 없다. 하지만 시간이 흐르고 보니 현서 스스로가 영어를 더 하고 싶다는 생각을 하게 되었던 계기들이 있었던 것 같아 소개를 하고자 한다. 아이들이 하기 싫어하는 뭔가를 보상을 줘서 하게 만드는 동기 부여를 얘기하는 것이 아니다. 스스로가 해야 할 이유를 찾게 되고, 그로 인해 더 잘하고 싶도록 만들어 주는 동기 부여 요소들을 말하는 것이다. 왜 영어를 잘해야 하는지, 영어를 잘했을 때 나한테 뭐가 좋은지 직접 체감하고 매력을 느끼도록 만들어 줄 수 있으면 아이는 스스로 열심히 하게 된다.

첫 번째는 장난감을 소개하는 유튜브를 보고 이를 따라 하고 싶었던 것이다. 현서가 7살까지 가장 많은 시간을 들여서 봤던 유튜브 채널은 'Cookieswirl C'라는 장난감 언박싱 채널이다. 한때 아이들의 유튜브 종착역이었던 '캐리와 장난감 친구들'의 미국 버전이라고 보면 된다. 장난감 언박싱 채널 같은 비교육적인 영상을 보여 준다고 하면 거부감이 생길 엄마들도 있을 것이다. 아이들이 교육적인 영상을 즐겁게 본다고 하면 너무나 좋겠지만, 교육적이면서 재미까지 있는 영상은 그리 많지 않다. 교육적이라고 할 수는 없지만, 유해하지 않은 영상이어서 보도록 허용해 주었다. 현서는 이 채널의 영상을 보면서 유튜버처럼 소개하는 것을 연습했다. 처음에는 우리말로 하더니, 어느 정도 영어 말문이 트이면서 점점 더 유창한 영어로 하게 되었다. 영어로 말을 하려다 보면 분명히 모르는 표현들이 생긴다. 현서는 다음에 영어 영상을 보다 그 표현을 듣게 되면 기억했다가 나중에 꼭 사용을 했다. 이렇게 처음에 영어로 장난감 언박싱을 하는 유튜버 흉내를 내기 시작한 것이 큰 동기 부여 요소 중 하나였다.

그렇다고 언박싱 유튜브로 영어 노출을 시키라는 것은 아니다. 아이마다 성별, 성격, 관심사에 따라 좋아하는 영상의 종류는 모두 다르다. 엄마의 가장 중요한 역할 중 하나는 아이가 좋아하는 영상을 찾아 주는 것이다.

'My Little Pony'
로 처음 해 본
유튜버 흉내

▶ 영상 바로 보기

두 번째는 호주로 이민 간 현서의 단짝 친구 고은이가 있었기 때문이다. 5살 때부터 다닌 어린이집에서 만난 고은이는 7살 초에 호주로 이민 가기 전까지 현서와는 둘도 없는 절친이었다. 지금도 고은이보다 더 잘 맞는 친구가 없을 정도로 둘의 사이가 너무 좋았고, 덕분에 두 가족이 자주 만나 시간을 보내기도 했다. 그런 고은이가 호주로 이민을 가고 가끔 영상 통화를 하면 고은이의 영어가 부쩍부쩍 느는 모습을 보게 되었고, 현서한테는 영어를 더 잘해야겠다는 좋은 동기 부여가 되었던 것 같다. 그리고 이민 간 지 2년 만에 호주로 가서 다시 만난 고은이는 우리말보다 영어가 편할 정도로 이미 원어민이 되어 있었다. 다음에 만날 때는 고은이 영어가 더 늘어 있겠지만 현서도 꾸준히 실력을 쌓아 나가겠다고 한다. 주변에 잘하는 친구가 있을 때 엄마가 비교를 하지 않아도 아이들은 이를 느낀다. 그 친구처럼 잘하고 싶다는 생각을 하게 되는 것이다.

호주로 이민 간
고은이와의 대화

▶ 영상 바로 보기

마지막은 해외여행 경험이다. 6살 때 필리핀, 싱가포르로, 7살 때는 베트남, 태국으로 여행을 간 적이 있다. 현서의 두 이모가 현서가 외할머니와 함께 여행을 할 수 있도록 비용을 대 주어서 갈 수 있었다. 이때 외국에 나가서 엄마나 이모가 짧은 영어로 외국인들과 의사소통을 하는 것을 보고 영어를 잘하고 싶다는 생각을 하게 되었다고 한다. 영어가 되면 우리말을 못하는 외국인들과도 소통을 할 수 있다는 것이 작은 동기 부여 요소였다.

다음은 현서가 영어를 좋아하게 된 이유를 인터뷰한 영상이다. 위 세 가지 동기 부여 요소에 관해 현서가 직접 이야기를 한다. 그리고 마지막에 도연이를 보고 더 잘하고 싶다는 생각을 하게 되었다는 말도 한다. 누군가 잘하는 것을 보고 나도 잘하고 싶다는 생각이 드는 것도 굉장히 긍정적인 동기 부여 요소이다. 현서가 영어로 말하는 것을 보고 우리 아이도 열심히 하게 되었다는 감사의

현서가 영어를
좋아하게 된 이유

▶ 영상 바로 보기

메시지를 자주 받는다. 현서도 다른 친구들에게 좋은 영향을 미쳤고, 현서도 누군가를 보고 그런 영향을 받기도 한다. 비교가 되어서는 안 되겠지만, 이런 자극은 아이한테도 좋은 동기 부여 요소가 될 수 있을 것 같다.

현서가 이런 계기를 갖게 된 것은 정말 우연이었다. 엄마, 아빠가 의도를 가지고 했던 것들도 아니다. 이런 경험들이 없었다면 지금처럼 영어를 즐기면서 유창하게 할 수 없었을 수도 있다. 그런 면에서 보면 정말 운이 좋았던 것 같다.

사람들마다 경험에 의해 특정 과목을 좋아하게 되기도 하고 평생 싫어하게 되는 경우도 있다. 따라서 아이들이 영어를 좋아하게 할 수 있는 기회를 자주 만들어 주고, 반대로 영어를 싫어하게 할 수 있는 안 좋은 경험들은 최대한 피하라는 말씀을 꼭 드리고 싶다. 정말로 현서 엄마, 아빠가 가장 많은 고민을 했던 것은 어떤 책을 고르고, 어떤 방법으로 영어를 공부하게 하는 것이 아니었다. 어떻게 하면 현서가 영어를 좋아하게 할지 고민하는 데 가장 많은 시간을 썼다. 물론 힘들고 오랜 시간이 걸려도 효과가 뚜렷이 보이지 않는 방법이다. 하지만 지나고 나니 너무나 잘한, 가장 빠른 방법이었다.

알파벳 j를 거꾸로 쓰는 현서

현서와 인스타그램을 하면서 알게 된 가장 고마운 인연 중 한 분은 임강모 교수님이다. 서울의 한 대학교에서 영어를 가르치는 교수님은 주말에는 여고생들을 대상으로 특별한 영어 수업을 한다. 바로 'Creative Writing' 수업이다. 우리나라에서 이루어지는 대부분의 영어 쓰기 수업은 TOEFL이나 IELTS 같은 시험의 'Essay Writing'을 목표로 한다. 본래 이 시험들은 영미권의 대학에 입학을 원하는 외국인 학생들이 대학 생활을 하는 데 문제가 없는 영어 실력을 갖추고 있는지 측정하기 위한 시험이다. 특히 Writing은 아카데믹한 짧은 글을 읽고 서론, 본론, 결론을 나누어 체계적이고 논리적으로 자신의 주장을 펼칠 수 있는지 테스트하는 것이 목적이다. 그렇다보니 어린 친구들이 하기에는 주제도 낯설고 글쓰기 수준도 상당히 높다. 하지만 교수님은 학생들이 글쓰기를 통해서 영어를 좀 더 즐겁게 배우고 좋아하게 되기를 원했다.

교수님의 'Creative Writing' 수업에서 글쓰기를 하는 과정은 이렇다. 학생들이 평소 좋아하거나 관심 있어 하는 것을 주제로 정한다. 학생들은 이와 관련된 자신의 경험과 생각을 자유롭게 이야기하며 브레인스토밍(Brain Storming)을 한다. 이런 브레인스토밍 과정을 거치고 나면, 짧은 메모나 그림 등 자신에게 익숙한 방법으로 생각을 정리한 후에, 시를 쓰듯이 짧고 간결하게 영어로 한 편의 글을 쓰는 것이다. 어려운 단어나 미사여구를 쓰지 않아도 된다. 'Essay Writing'처럼 논리적인 글을 쓰는 것이 아니다. 자신이 가장 관심 있고 가장 잘 아는 분야에 대해 편안하게 영어로 써 보는 것이다.

서울의 한 여고에서 7년 넘게 운영된 이 수업에 참가했던 여고생들은 이 과정을 마친 후 영어 글쓰기에 대한 태도가 달라지는 경험을 했다고 한다. 이 수업을 들었던 한 학생은 일류 대학에 입학한 후, 'Creative Writing' 수업을 받으며 변화된 자신을 경험담을 신문에 기고하기도 했다.

지인을 통해 알게 된 후, 평소 인스타그램 친구로만 지내던 교수님이 현서가 영어로 말하는 영상을 보고 먼저 연락을 준 것은 현서가 8살이던 2019년 초였다. 현서와 함께 이 'Creative Writing' 과정을 10주 정도 해 보고 싶다는 것이었다. 아빠 입장에서 평소 작가가 꿈이라는 딸에게 영어과 교수님으로부터 일대일 과외를 받을 수 있는 천금 같은 기회를 마다할 이유가 없었다. 그렇게 현서가 6월부터 매주 토요일마다 만나 2시간 정도 교수님과 Writing 수업을 하게 되었다.

아래 영상은 교수님과의 첫 수업을 찍은 영상이다. 첫 만남이라 교수님과 현서가 서로에 대해 잘 알기 위해 자기소개로 주제를 정했다. 현서와 교수님이 각자 좋아하는 것들에 대해 이야기하고 이를 글로 쓰는 것으로 첫 수업을 시작했다. 처음 20분은 현서가 좋아하는 것들이 무엇인지 교수님이 물었고 현서는 하나씩 답을 했다. 물론 질문과 답은 모두 영어로 이루어졌다. 그리고 현서는 자신이 좋아하는 것들을 그림으로 그리면서 다시 한 번 그것들에 대한 감정을 정리했다. 마지막으로 교수님은 그림으로 정리한 내용을 시로 써 보자고 제안을 했다.

그런데 이때 놀라운 광경이 벌어졌다. 영어 말하기는 그렇게 유창하던 현서가 알파벳 j를 거꾸로 쓰는 것이다. 공교롭게도 첫 글의 제목은 현서와 교수님의 애칭을 사용해 'Jelly & Kangaroo'였다. 현서의 영어 이름 Jenny와 교수님의 영어 이름 Kangmo와 비슷

현서랑 같이 프로젝트를 하게 되어서 너무 기뻐~

교수님과의
첫 수업 모습

▶ 영상 바로 보기

한 발음의 쉬운 단어를 택했던 것이다. 처음으로 쓴 알파벳이 하필 j이고 그걸 거꾸로 썼는데도 현서는 아빠가 말하기까지 그 사실을 알지 못한다. 그동안 얼마나 알파벳을 써 보지 않았으면 거꾸로 쓸까? 현서의 평소 말하기 실력에 비하면 이해하기 힘든 광경이라고 생각할 수도 있다. 하지만 우리말을 배우는 과정을 생각해 보면 이는 너무나 자연스러운 과정이다. 8살이면 우리말을 하는 데는 큰 문제가 없는 나이다. 하지만 글쓰기는 8살이 되어도 못하는 친구들이 있을 수 있고 이를 이상하게 여기는 엄마들은 없을 것이다. 하지만 영어 말하기는 유창한데 알파벳을 쓰지 못하는 것은 참 이상하게 보일 수 있다. 이 장면을 보면 현서가 어떻게 영어를 배웠는지 유추가 가능하다. 현서는 정말 모국어 배우듯이 영상을 보고 들으면서 말하기를 먼저 배운 것이다. 웬만한 영어 그림책도 혼자 다 읽을 수 있을 정도이지만, 알파벳이나 파닉스를 배우지 않다 보니 아직도 j를 거꾸로 쓰는 실수를 한 것이다.

이후 교수님과 여덟 번의 수업을 하면서 현서는 아주 큰 선물을 받게 된다. 그것은 바로 교수님의 끊임없는 칭찬을 통한 자신감 향상이었다. 현서가 틀리거나 모를 때, 또는 쓴 글이 변변치 않을 때 지적을 하고 수정해 줄 수도 있었지만, 수업을 하는 동안 단 한 번도 현서에게 실망하는 표현이나 눈빛을 보낸 적이 없다. 대신 무슨 말을 해도 집중해서 듣고 격하게 공감하며 리액션을 했다. 현서는 그런 교수님과의 시간이 너무 즐거웠고 전혀 공부라고 느끼지 않았다. 수업이 끝나고 집에 오는 차에서는 항상 교수님이 보고 싶다고 할 정도였다.

아기들이 우리말을 할 때도 그렇지 않은가? 새로운 단어를 하나 말할 때마다 엄마, 아빠는 얼마나 기뻐하며 아이를 대했는지 잘 기억할 것이다. 마치 세상을 다 얻은 것처럼 행동한다. 그러던 엄마, 아빠가 아이와 영어 공부를 할 때면 태도가 완전히 달라진다. 발음이 틀리다고, 단어를 모른다고 지적을 하고 실망한 표정을 그대로 보여 준다. 나로 인해 엄마, 아빠가 행복했으면 좋겠는데 영어만 하면 실망감을 주니 아이들의 자존감은 떨어지고 영어하는 시간이 싫어지는 것은 당연한 결과이다. 교수님과의 수업 영상은 '현서 아빠표 영어' 유튜브 채널에서 모두 볼 수 있다. 수업 과정을 보면서 아이와 같이 해 보는 것도 좋지만, 무엇보다 교수님이 현서를 대하는 태도를 주의 깊게 보고 그대로 해 주길 바란다.

> **✦ 영어 책 읽기보다 먼저 해야 할 것은?**
> 현서는 영어를 글로 먼저 배우지 않았다. 모국어 배우듯이 영상을 보며 듣는 귀를 먼저 열어 주었다. 책 읽기를 통한 학습은 그 이후에 해도 된다.

엄마의 조급함이 아이를 평생 영어 거부자로

현서와 같이 책을 읽거나 영화를 보다 보면 예전에는 몰랐던 의미를 찾게 되는 경우들이 있다. 특히 Classic Readers나 전래 동화를 읽을 때 그런 일이 자주 발생한다. 황금알을 낳는 거위의 비유는 이솝 우화 중 뉴스에서 가장 자주 인용되는 이야기일 것이다.

가난한 농부는 닭들이 낳는 알을 시장에 내다 팔며 겨우겨우 살아가고 있었다. 어느 날 자신이 키우던 거위 한 마리가 낳은 황금알을 보고 깜짝 놀란 농부. 하루 하나씩 거위가 낳는 황금알을 시장에 내다 팔면서 농부는 금세 남부럽지 않은 부자가 된다. 욕심을 부리지 않고 그렇게 매일 황금알 하나씩을 꾸준히 팔아도 더 큰 부자가 될 수 있었을 텐데, 농부의 욕심은 탐욕이 되어 불상사를 자초한다. 더 빨리 큰 부자가 되고 싶었던 농부는 거위의 배를 갈라 한꺼번에 황금알을 취할 생각을 했던 것이다. 잔뜩 기대를 하고 거위의 배를 가른 농부. 하지만 기대와 달리 거위의 뱃속에서 단 하나의 황금알도 찾을 수 없었다. 그때야 뒤늦게 자신이 한 짓을 깨닫고 후회를 하지만 이미 거위는 죽어 더 이상은 황금알을 가질 수 없게 된다.

세상을 살다 보면 우린 모두가 이런 탐욕 때문에 소탐대실하는 우를 범한다. 느리지만 나의 속도로 꾸준히만 해도 큰 성과를 볼 수 있는데, 순간의 과욕, 탐욕 때문에 일을 망치는 경험을 누구나 했을 것이다. 부모가 되고 아이를 키우는 과정에서도 같은 실수를 반복하는 경우가 많은 것 같다. 아이의 나이와 성향에 따라 자신에 맞는 학습 방법과 속도가 있는데, 엄마의 조급함 때문에 너무 빠른 결과를 기대하며 과도한 학습을 하는 경우가 있다. 영어 학습을 할 때 이런 일이 벌어지면 아이들은 영어 거부자가 되어 평생 영어를 못하게 될 수도 있는데 말이다. 아이가 조금 느려도, 조금 못해도 좋으니 영어를 좋아할 수 있도록 칭찬해 주고 기다려 주어야 한다. 우리말도 다른 아이들보다 1~2년 느릴지언정 결국은 다 잘하게 된다. 영어도 조금 느리게 한다고 조급할 필요가 없다. 이런 엄마의 조급함이 오히려 큰 화를 부를 수 있다. 제발 지나친 욕심 때문에 거위의 배를 가른 농부처럼, 엄마의 조급함 때문에 아이가 영어를 싫어하게 만들어 버리는 돌이킬 수 없는 실수는 하지 않기를 간곡히 부탁드린다.

엄마들의 조급함이 왜 생기는지는 충분히 이해한다. 부모가 부족한 탓에, 아는 것이 많지 않아, 우리 때문에 아이까지 뒤처지지 않을까 하는 걱정에 뭐라도 더 시키려는 간절한 마음을. 아이가 잘되어야 한다는 부모의 사랑이 이렇게 표현되는 것이리라. 하지만 그런 마음이 잘못된 방법으로 아이에게 전달되면 오히려 안 하는 것만 못한 결과를 낳게 되는 것을 자주 보고 듣는다. 다른 아이들은 모두 벌써 저만큼 앞서 나가는 것 같은데 우리 아이만 느린 것 같고, 남들은 다 방법을 알고 잘하는 것 같은데 나만 뭣도 모르고 헤매는 것 같아 불안한 마음에 자꾸 애먼 아이만 다그치고 부모 스스로도 자책하게 된다. 영화 〈주토피아〉에서 큰 웃음을 줬던 나무늘보는 천천히 움직이기로 유명하다. 이 나무늘보에게 빨리 움직이라고 자꾸 쿡쿡 찌르면 스트레스를 받아 죽어 버릴지도 모른다. 이런 엄마의 조급함도 아이에게 절대로 좋은 영향을 끼치지 않는다. 엄마의 불안감과 스트레스는 아이가 고스란히 느끼고, 스스로 못한다는 자책감에 자꾸 움츠러들고 자존감은 바닥을 치게 된다. 엄마, 아빠를 기쁘게 해 주고 칭찬을 받는 것이 삶의 목적인 아이들에게 엄마, 아빠와의 사이를 갈라놓는 영어는 세상 무엇보다 싫은 존재가 된다.

물론 영어는 어릴 때 빨리 시작하면 평생 편하다. 하지만 아이들마다 관심사와 성향, 학습 방법, 학습 속도 등이 다르고, 각 가정의 환경도 천차만별이다. 남들이 다 좋다고 하고, 꼭 해야 한다고 해서 우리 아이도 반드시 따라서 해야 할까? 그렇지 않다. 그보다 훨씬 중요한 것은 내 아이의 자존감과 자신감을 강하게 유지되도록 하는 것이다. 영어를 잘하면 좋지만 그것 때문에 우리 아이를 평생 패배자처럼 느끼며 살게 해서는 안 된다. 지금 당장 잘하면 좋겠지만 그렇지 않다고 해도 앞으로 기회는 얼마든지 있을 것이다. 아무것도 모르는 거위의 배를 가르듯 아이를 다그쳐서 평생 영어 거부자로 만드는 일만은 절대 없어야 한다. 혹시 지금 아이가 영어를 거부한다면 왜 영어가 싫은지 아이와 터놓고 이야기해 보시라. 엄마의 과도한 기대 때문일 수도 있고 영어에 대한 엄마의 두려움이 아이한테까지 전달되어 그럴 수도 있다. 아이가 거부할 때는 이유가 있다. 중요하다고 무조건 우겨 넣지 말고 한 발 물러서서 먼저 그 이유를 찾아보기 바란다.

이런 조급한 마음이 드는 이유 중 하나는 우리가 흔히 하는 오해 때문이다. 우린 남의 좋은 모습, 성공한 모습만 본다. 그렇게 되기까지의 과정은 보지 못하다 보니, 그들은 원래 잘했다거나 재능이 있어서 우리보다 쉽게 했을 거라는 생각을 하게 된다. 우리가 TV에서 보는 연예인들도 길게는 십 년 이상의 무명 생활을 거치고 나서야 우리가 이름을 알 만한 유명인이 된다. 이제 막 데뷔한 신인 아이돌들도 수년간의 연습생 생활을 거치고 나서야 겨우 무대에 설 수 있다. 연습생이 된다고 해서 모두 가수로 데뷔를 하는 것도 아니다. 수많은 다른 연습생과의 경쟁에서 살아남기 위해 피땀을 흘리며 훈련을 하고 육체적, 정신적으로 힘든 고난을 겪기도 한다.

그렇게 오래 지치지 않고 가려면 자기 페이스를 유지하며 가는 것이 중요하다. 남의 속도에 맞추다 보면 어느 순간 낙오해 다시는 돌아올 수 없게 된다. 원래 그랬고, 저절로 되는 것은 아무것도 없다. 그 뒤에는 오랜 기다림과 꾸준한 노력이 있기 때문에 가능했다.

조급한 마음이 클수록 인내할 수 있는 마음은 작아진다. 우선 엄마의 조급함부터 내려놓기를 바란다. 그리고 '어떻게 하면 아이가 영어를 좋아하게 될까?', '이렇게 하다 아이가 영어를 싫어하는 것은 아닐까?', 이런 고민을 해야 한다.

현서 엄마, 아빠가 가장 신경 썼던 것도 그것이다. 어떻게 하면 현서가 보통의 한국 사람들처럼 영어 거부자가 되지 않게 할까? 어떻게 하면 영어를 좋아해서 지금 당장은 아니더라도 나중에라도 잘하게 할까? 대부분의 에너지를 이런 고민을 하는 데 쏟았다. 다른 친구들과 비교하지도 않았고, 아이의 자존감에 상처가 될 수 있는 말과 행동은 최대한 자제했다. 더 빨리, 더 잘하라고 다그친 적도 없다. 그저 자기가 좋아하는 노래와 영상들을 보며 즐겁게 영어를 접할 수 있는 환경을 만들어 주는 것에만 신경을 썼던 것이다. 엄마, 아빠가 욕심을 내고 학습을 시키거나 더 잘하도록 지적을 했다면, 현서의 영어 실력은 지금보다 조금 더 나아졌을 수도 있다. 하지만 항상 밝게 웃으면서 틀려도 자신감 넘치게 영어를 구사하는 현서의 모습은 볼 수 없었을 것이라 확신한다.

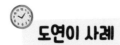

도연이 사례

- 엄마, 아빠가 영어 못해도 문제없어요

엄마표 영어를 시작한 이유

우리 아이들이 어릴 때 살았던 곳은 인구 5만이 좀 안 되는 시골이었어요. 주변에 보낼 수 있는 영어 유치원은 하나도 없었고, 아이 나이에 맞는 영어 학원도 찾기가 어려웠습니다. 사교육 도움을 받기 어려운 상황이었지만, 있었다고 해도 처음부터 학원에서 영어를 시작하게 하고 싶지는 않았어요. 영어 유치원이 있었다고 해도 외벌이 가정이라 사교육비로 많은 돈을 지출하기가 어려운 형편이었거든요. 영어 도서관도 없는 열악한 환경이었는데, 지금 돌아보면 이런 부족한 환경이 오히려 엄마표 영어를 하겠다는 큰 동력이 되었다고 생각해요.

공교육에서는 초등학교 3학년부터 학교에서 영어를 배우잖아요. 일주일에 2번씩 영어 수업을 듣는다고 하더라고요. 3학년부터 이렇게 4년 동안 방학을 빼고 일주일에 2시간씩 수업을 받아서 얼마나 영어 실력이 향상될까 하는 고민이 있었습니다. 공교육의 영어 수업 시수만으로는 언어 습득이 일어날 수 있는 노출 시간이 부족하다는 점, 그나마 초등학교에서는 회화 위주의 수업을 하지만 중, 고등학교를 가면 독해나 문법 등 입시에 맞춰서 영어 수업이 진행된다는 점을 생각하니 엄마표로 할 수밖에는 없겠다는 결론에 도달하게 되었어요. 그래서 도연이가 6살, 태영이가 3살이던 2017년 6월부터 집에서 엄마표 영어를 시작하게 되었습니다.

도연, 태영 엄마가 생각하는 엄마표 영어란?

제가 생각한 엄마표 영어란 아이가 좋아하는 것을 영어로 찾아 주는 과정이었습니다. 전업주부인 저에게 육아와 영어 교육은 하나였어요. 육아라는 것이 아이에 대해 인내심을 가지고 기다려 주고 관찰하는 과정이었는데 엄마표 영어도 그렇더라고요. 육아와 엄마표 영어가 많이 닮아 있다고 느꼈습니다. 엄마표 영어를 위해 유튜브에서 관련 영상을 찾아보고 도서관에서 엄마표 책을 빌려다 읽었습니다. 도연이가 유치원에 다니고 있던 6살에 시작(2017년 6월 1일)했으므로 내 아이에게 맞는 방법, 우리 집 상황에 적용할 만한 방법만 선택해서 응용했어요. 엄마표 영어 책에서는 연따, 정따 등을 하라고 나와 있었지만 아이 나이가 어리고 연따, 정따 등의 방법이 학습에 맞춰서 진행이 되는 방법이므로 아이에게 맞지 않다고 판단하여 하지 않았어요. 흘려듣기 방법만 따라 했어요. 실제로 도연이에게 했던 구체적인 방식을 정리해 보았습니다.

- 6살까지 우리말 동요와 클래식을 듣고, 우리말 책도 많이 읽음
- 길게 보고 조급한 마음을 버림
- 우리말로 된 프로그램은 안 보여 줬음
- 우리말을 배울 때와 같은 순서로 진행(듣기-말하기-읽기-쓰기 순)
- 뜻을 아는지 확인하지 않음 / 알아들었는지도 묻지 않음
- 따라 말해 보라거나, 단어를 외우라고 하지 않음
- 파닉스 먼저 시작하지 않음 / 원서나 리더스 북부터 시작하지 않음
- 습관이 될 때까지는 아이가 영상을 볼 때 옆에 꼭 같이 있어 줌
- 엄마가 영어는 못해도 DVD 내용을 보고 웃긴 내용은 아이와 대화를 하면서 같이 봤었음 (아이와 'Milo'라는 DVD를 같이 봤을 때 일입니다. 마일로는 토끼가 주인공으로 나오는 시리즈예요. 마일로와 친구들이 동물원으로 소풍을 갔는데 우리 안에 사자가 갇혀 있었어요. 아이와 보면서 "사자를 우리 안에 누가 가둬 둔 거야? 토끼가 사자를 구경하고 있다니 너무 재미있지 않아?"라고 말을 해 줬더니 아이가 생각해도 말이 안 되고 웃겼는지 깔깔깔 웃으면서 너무 재미있다고 하더라고요. 영어로 듣고 보면서 그 상황에 맞는 재미있는 말을 해 주고 대화를 하면서 봤었어요.)
- 아이들이 DVD를 볼 때 머리도 쓰다듬어 주고, 등을 토닥토닥하면서 같이 시청
- 하루 중 아이가 제일 기분이 좋을 때(이 부분이 매우 중요) 영상을 보여 줬고 영상을 볼 때는 좋아하는 간식을 준비해서 먹으면서 보게 하였음(우리가 극장에서 영화를 볼 때 팝콘이나 오징어를 먹으며 보

는 것처럼)

- 놀 때는 봤던 영상을 흘려듣게 함(아이가 있는 곳에서는 영어 소리가 계속 들리게)
- 하루에 3시간 이상씩 노출
- 학원 안 다니고, 학습지도 안 했음
- 놀이 중심의 병설 유치원을 6살부터 다녔음. 5살까지 기관 생활을 전혀 안 하고 집에서 가정 보육을 함(아이를 관찰할 시간이 많았고 이는 아이가 좋아하는 것을 영어로 찾아 주는 데 아주 많은 도움이 되었 습니다. 병설 유치원은 영어 수업이 전혀 없었기 때문에 집에서 영어 노 출을 한 것이 전부였습니다.)
- 아이의 생활이 담긴 영어 영상(Max and Ruby, Maisy, Peppa Pig, Ben and Holly's Little Kingdom, Charlie and Lola, Milo, Toopy&Binoo, Caillou 등)과 널서리라임, 마더구스 등 영어 동 요와 슈퍼심플송으로 시작하였음(영어를 못 알아들어도 아이의 생 활이 담긴 영상이라 상황을 이해하는 데 도움이 되었고 재미있게 봤습 니다.)
- CBeebies의 프로그램들을 많이 봤음(CBeebies는 영국의 BBC 방송사가 운영하는 어린이 대상 전문 방송이에요. CBeebies에서 방송 하는 영어 프로그램 중에 아이들이 좋아하는 유익한 프로그램들이 많 아서 보여 줬었어요.)
- 원서를 보여 주기 전에 1년여 동안 영어 영상과 소리 노출로 영어 와 친숙하게 만들었음

엄마, 영어가 우리말처럼 들려!

이렇게 하루에 3시간 이상씩 노출한 지 1년 2개월이 지나자 아이 입에서 영어가 흘러나오기 시작했어요. 그러던 어느 날 아이가 "엄마, 너무 이상해! 영어가 우리말처럼 들려."라고 하는 거예요. 그때 그동안 꾸준히 했던 방법이 틀리지 않았다는 생각을 하며 너무 기뻤답니다.

어느 날은 밤에 아이들을 재우려고 잠자리를 봐주는데, 아이들이 "Sleep tight, don't let the bed bugs bite."라고 말을 하는 거예요. 제가 무슨 말인지 어리둥절해하니 첫째가 잠자리에서 하는 인사라며 '까이유(Caillou)'에서 봤다고 하더라고요.

한 번도 따로 해석을 해 준 적도 없고 우리말 더빙을 들려준 적도 없으며, 한글 자막으로 보여 준 적도 없는데 아이가 문장을 정확하게 말하고 그 뜻까지 알고 있어서 깜짝 놀란 기억이 아직도 생생해요. 나중에 이 문장을 찾아보니 아이 말대로 잠자리에서 하는 인사가 맞더라고요. 유럽이나 미국의 옛날 침대 매트리스에는 벌레들이 많이 나오다 보니 자다가 종종 물리는 경우가 많아서 "벌레 안 물리게 조심하고 푹 자."라는 말이 잠자리 인사말이라고 하더라고요. 아이는 까이유를 보면서 한 번도 가 본 적이 없는 북미의 문화를 이해하고 있었던 거예요. 이 일을 계기로 제가 하고 있는 방식에 대해 점점 더 확신을 하게 되었어요. 이때 도연이는 수시로 영어로 흘려 말하기를 하기 시작했고 동생 태영이와도 영어로 대화를 시작했습니다.

도연이의 쌍둥이 책 읽기

영어 듣기를 하는 1년 내내 원서 읽기에 대해서 고민했어요. 아이에게 맞는 책이어야 하고, 아이가 재미있게 봐야 했기 때문에 정말 오랜 시간을 고민했어요. 간단히 하루 이틀 만에 결정할 게 아니잖아요. "어떻게 보여 줘야 할까?", "어떤 책을 보여 줘야 아이가 거부감이 없을까?"하고 나름 깊은 고민을 했습니다. 물론 영어 노출을 하면서 한글 동화책도 많이 읽어 줬어요. 남편, 저, 아이 둘 이렇게 4명의 도서관 대출증을 만들어서 집 근처 도서관에서 수시로 한글 책을 빌려서 읽어 줬습니다. 유명한 수상작 전집도 중고로 구매했어요. 아이가 원하면 언제든 읽어 줬고, 읽었던 책이라도 아이가 찾으면 몇 번이고 반복해서 읽어 줬습니다.

그러던 중 아이가 재미있게 봤던 책들 중에서 외국 동화를 원서로 보여 주면 잘 볼 거 같다는 생각이 들었어요. 제가 영알못 엄마였으므로 원어민 목소리로 녹음된 음원이 있는 책으로 보여 주면 되겠다는 생각을 했습니다. 그래서 여기저기 알아보다가 모 출판사의 원서들이 아이에게 한글 번역본으로 읽었던 책들이 많아서 구매해서 활용하게 되었어요. 제가 원서를 읽어 주는 게 어려운 상황이니 아이가 책을 펴고 봤을 때 토킹펜으로 찍으면 원어민 음원이 나오도록 책마다 오디오렉 스티커로 작업을 하였습니다. 그리고 중고로 CD 음원이 있는 영어 책을 맘 카페에서 저렴한 가격에 구매하기도 했어요. MP3 작업, 오디오렉 스티커 작업을 해서 차에서도 영어로 듣고, 책을 보면서도 찍으면 들을 수 있게 모든 책에 작업을 했었어요. 아이가 있는 곳에서는 항상 영어 소리가 들리게 한 것입니다.

시작은 쉬운 책부터

처음 원서를 노출할 때 영어 책이 어렵다는 생각이 들지 않게 하는 것이 포인트였어요. 책을 봤을 때 원서가 어렵다는 느낌 대신 '익숙하다', '편안하다', '나 영어 잘하는 거 같아'와 같은 느낌을 받게 하는 것이 중요하다고 생각했어요. 아이가 자신감을 잃지 않도록 처음에는 한 줄짜리 책, 그림이 훌륭하거나 아주 재미있는 책으로 시작했어요. 예상대로 처음부터 영어 원서를 편안한 상태로 거부감 없이 봤습니다. 한글로 읽었던 책이라 내용도, 그림도 익숙했고 1년여 동안 영어 소리에 노출이 되어 있는 상태였기 때문에 한글로 봤던 책이 단지 영어로 쓰여 있는 걸로 받아들이더라고요. 아이가 별 어려움 없이 원서를 봐서 정말 보람이 있었어요.

어깨 너머로 배운 둘째 태영이

이렇게 2년 동안 노출을 하였고 2019년 첫째는 8살, 둘째는 5살이 되었습니다. 첫째에게 포커스가 맞춰져 있었지만 둘째도 첫째 옆에서 어깨 너머로 영어를 보고 들으며 영어를 많이 흡수한 상태였어요. 둘째 태영이가 어떻게 영어를 알게 되었고 말을 하게 되었는지 사실 지금도 너무 의문입니다. 어느 날인가부터 누나와 영어로 대화를 주고받기 시작하더라고요. 프리텐드(Pretend) 리딩이라고 생각했는데 어느 날부터 영어 책을 읽고 알파벳을 쓰기 시작했어요. 파닉스를 안 했는데 영어 읽는 규칙을 저절로 알게 된 거예요.

엄마, 영어로 말해 보고 싶어!

2019년 2월 초등학교 입학을 앞둔 어느 날, 아이가 "엄마, 나 영어로 많이 말해 보고 싶어."라고 했어요. 그동안 계속 인풋만 했었고 아이들의 영어 실력이 어느 정도로 향상되었는지 전혀 모르고 있던 상태였기 때문에 아이 말을 들으니 저도 아이의 영어 실력이 궁금해지기 시작했어요. 아이가 동생과 영어로 말하는 걸로는 부족했는지 영어로 좀 더 많이 말해 보고 싶다고 하여 영어 레벨 테스트와 영어 인터뷰를 하려고 영어 학원을 찾아갔어요.

학원에 갔더니 테스트 전에 그동안 어떻게 영어 공부를 했는지, 다녔던 학원은 있었는지 물어보셨습니다. 학원은 다닌 적이 없었고 집에서 노출만 해 줬다고 말씀드리고 테스트를 봤어요. 첫째, 둘째 모두 영어 테스트를 하고 영어로 인터뷰를 했는데 가는 학원마다 그동안 정말 집에서만 한 게 맞냐며 놀라워하시더라고요. 맞다고 하자 그러면 엄마, 아빠가 영어를 잘하느냐, 외국에서 살다 왔냐 등을 물었습니다. 그리고 어떻게 집에서 노출했는지도 매우 궁금해하셨습니다. 영어 유치원도 안 다녔고, 해외에서 살다 오지도 않았고, 엄마, 아빠가 영어를 잘하는 것도 아닌데 어떻게 이럴 수 있느냐며 매우 놀라워했어요. 아이 둘 다 상당한 실력이며, 영어 유치원 나온 아이들보다 더 잘한다고 말씀하셨어요.

고마운 Maggie 선생님

레벨 테스트와 프리토킹으로 인터뷰를 했던 학원 중에 남편은 한국인, 부인은 미국인인 부부가 하는 학원에서 수업을 듣기로 결정을 했어요. 우리가 갔을 때 이제 막 학원이 생겨서 신규 학원생을 모집하는 중이었는데 첫째와 같은 레벨인 친구가 들어오면 반을 만들어 주신다 하여서 수업을 받기로 했습니다. 그런데 같은 레벨인 친구가 없어서 1년여를 선생님과 둘이서 수업을 하게 되었어요. 화상 영어 수준의 비용으로 1:1로 수업을 해 주신 거예요. 선생님은 아이가 성장하는 모습을 지켜보며 저희만큼 기뻐했습니다. 숙제도 거의 없고 수업은 스피킹 위주로 하면서 선생님과 많은 대화를 했어요. 아이와 선생님, 남편과 제가 삼위일체가 되어 아이가 어디에 관심이 있는지, 어디에 흥미를 보이는지를 의논하면서 주제를 정하고 수업을 해 나갔어요. 아이는 영어 학원 가는 시간만 기다릴 정도로 무척이나 좋아했습니다. 선생님은 아이가 좋아하는 부분, 관심 있는 부분이 무엇인지 정확히 파악해서 창의적인 브레인스토밍으로 쓰기 수업도 하고, 아이가 좋아하는 Rosanna Pansino에게 영어로 편지도 쓸 수 있게 글쓰기도 유도해 주셨습니다.

처음 나간 영어 말하기 대회 - 최우수상 수상

엄마표로 영어를 노출한 지 2년이 지나고 영어 학원을 다니면서 아이의 영어 실력은 하루가 다르게 향상되었어요. 둥둥 떠다니던 영어 소리들이 글자와 만나 어떻게 읽고 소리가 나는지 원리를 깨우치게 되니 드라마틱한 효과를 보인 것 같아요. 말하기도 나날이 유창해지고 있었어요. 이때 첫째는 디즈니랜드를 너무 가 보고 싶다고 했었는데 '대한민국 학생 영어 말하기 대회'라는 영어 말하기 대회에서 대상과 최고상을 받으면 자비를 들여야 하지만 미국을 가는 기회가 주어진다는 걸 알게 되었어요. 아이에게 이 대회를 말해 주고 참가해 보겠냐고 했더니 아이가 해 보겠다고 하더라고요. 대회가 한 달 정도 남은 시점이었는데 학원 선생님께 말씀을 드렸더니 흔쾌히 도와주겠다고 하셨어요.

말하기 주제는 자유였고 1분 30초 정도의 분량으로 스피치를 해야 했어요. 다른 아이들은 한글, 김치, 한복, 세종대왕 등 우리나라를 알리는 주제를 많이 선택했어요. 저는 수상에 유리한 내용보다는 아이가 잘 아는 내용이거나 아이가 말하고 싶어 하는 주제로 스피치를 하는 게 좋다고 생각했습니다. 그래서 물어보았더니 동생 이야기를 하고 싶다고 하더라고요. 그래서 '사랑하는 내 동생'이라는 주제로 한글 원고를 직접 준비했습니다. 영어 원고는 제가 봐줄 수 있는 실력이 안 돼서 선생님들께서 아이와 의논을 하며 영어로 수정해 주셨어요. 어색한 표현을 알맞게 수정을 하면서 스크립트가 나왔고 영어로 녹음한 파일도 주셨어요. 이걸 받아서 아이와 집에서 시간이 날 때마다 조금씩 연습을 했습니다. 규모가 꽤 큰 대회이고 유치부부터 초, 중, 고, 대, 일반부까지 참가 연령층이 다양했어요. 고등학생들은 외고나 국제고, 외국인학교 학생들이 많이 참가했습니다. 처음으로 참가한 스피킹 대회에서 도연이는 최우수상을 받게 되었습니다. (2019년 7월 28일, 8살 나이로 수상)

집에서만 영어를 노출한 지 2년, 영어 학원을 다닌 지는 5개월 만이었어요. 아쉽게도 미국에 가진 못했지만 영알못 엄마의 엄마표 영어 2년 만의 쾌거였어요. 영어 유치원이나 스피치 전문 어학원에서 온 단체 참가자들 사이에서 개인 참가자로 받은 상이라 의미가 있었습니다.

조급함을 버리고 쓰기는 천천히

이때 아이의 상태는 말하기는 유창하고 읽기도 가능했지만 쓰기는 듣기, 말하기, 읽기 능력에 비해 많이 미흡한 상태였습니다. 학원에서도 쓰기가 다른 능력에 비해 많이 부족하다고 하였으나 전혀 조급한 마음이 들지 않았어요. 시간이 지나면 좋아진다는 걸 알고 있었기 때문입니다. 대부분의 학원 시스템은 듣기, 말하기, 읽기, 쓰기 전 부분을 테스트하고 평가하는 시스템입니다. 선생님이 쓰기가 많이 안 되어 있다고 해도 불안한 마음이 들지 않은 이유는 원어민 아이에게도 쓰기는 어려운 단계이기 때문입니다. 이 나이대의 원어민 아이들도 p와 q, b와 d를 많이 헷갈리고 f와 j를 반대로 씁니다.

저는 오히려 선생님께 '스펠링'을 틀릴 수 있는 나이이며 스펠링을 틀리게 쓰는 게 잘못된 게 아니니, 틀리면 안 된다고 얘기하지는 말아 달라고 부탁했습니다. 그러자 선생님은 가르치는 입장에서는 정확하게 가르쳐 줘야 한다고 말하면서도 무슨 뜻인지는 알겠으니 스펠링에 맞춰서 하지는 않겠다고 말씀해 주셨어요. 우리가 파닉스를 배워도 파닉스로 읽을 수 있는 건 70% 정도밖에 안 된다고 해요. 나머지는 많이 읽어 보고 접해 보는 수밖에는 없다고 합니다. 어머니들이 아이가 파닉스를 했는데 왜 자꾸 틀리게 읽나, 아니면 읽지를 못 하는 건가 하고 너무 크게 우려를 하지 않으셨으면 해요. 이때는 파닉스를 1~2년 배워서 못 읽거나 틀리게 읽는 게 어쩌면 당연한 나이니까요.

해리포터를 원서로 읽을 수 있는 그날까지

9살이 되면서 하루 일과를 마치고 나면 보상으로 영어 영상을 보며 휴식을 취했어요. 하루 중 가장 편안한 시간에 영어 영상을 본 거예요. 'Arthur', 'Berenstain Bears', 'Sesame Street'를 좋아해서 많이 보았고, 'Red Ted Art', 'Nerdy Nummies' 같은 유튜버 채널도 좋아했습니다. 이런 영상을 보면서 아이가 해리포터에 관심을 갖기 시작했어요. 학원에서도 선생님이 갖고 있던 해리포터 원서를 볼 기회가 있었는데 아직은 어렵고 이해가 잘 안 된다고 해서 해리포터 DVD를 보고 한글 번역판 책부터 읽었습니다.

혹시 이해가 안 될까 봐 영어 자막을 깔고 DVD를 보여 줬는데 영어 자막을 안 봐도 내용이 다 이해가 된다고 하더라고요. 중고로 해리포터 1~4편, 편당 두 권씩 8권을 권당 2,000원, 총 16,000원에 구매했어요. 남편이 한글로 된 번역판 8권을 전부 읽어 줬습니다. 아이는 DVD를 봤던 장면을 떠올리며 아빠가 읽어 주는 해리포터 번역판을 들었어요. DVD는 7편까지 다 본 상태가 되었습니다. 매일 아빠랑 해리포터 얘기를 하고 매일 밤 해리포터 꿈을 꾸며 해리포터에 푹 빠져서 지내고 있어요. 이렇게 번역본 책과 DVD를 여러 번 보고 듣고 읽은 후 해리포터 원서를 읽을 예정이에요. 해리포터 원서도 음원이 있는 것으로 구입하여 음원을 먼저 여러 번 듣고 난 후 읽을 계획입니다. 이런 과정을 거쳐서 오로지 혼자서 해리포터 원서를 읽고 영어 원서를 읽는 재미에 푹 빠지게 되는 날, 작가가 전하고자 했던 이야기를 온전히 느끼고 이해하게 될 그날을 꿈꾸어 봅니다.

영어로 대화하는 남매

둘째 태영이는 논픽션을 좋아해서 PBS Studios에서 제작된 'Deep Look'을 보거나 'Peekaboo Kidz', 'Mystery Doug', 'Brave Wilderness', 'Kids Learning Tube' 등을 봤습니다. 우주와 과학 이야기에 관심이 많아서 태양계가 나오는 영상을 영어로 보거나, 세계 지도를 보고 종종 여러 나라들의 국기를 보여 달라고 합니다. 그래서 아이가 좋아하는 분야의 영상과 관련 책을 보여 주며 확장을 시키고 있어요.

태영이는 파닉스를 전혀 하지 않았고, 영어 학원도 다닌 적이 없는데 영어 책을 읽고 누나와 영어로 대화를 합니다. 영어가 너무 재미있다고 하고, 편안하고 자연스럽게 한국말로 말했다가 영어로 말하는 수준이 되었어요. 아이들이 영어로 자연스럽게 대화를 하는 상태라 영어로 대화할 상대를 찾아야 하는 고민이 있는데 남매끼리 서로 영어로 대화를 하다 보니 그런 고민은 해결이 된 상태입니다.

영어를 해야 하는 이유

어느 날 아이와 'Dinosaur Pet'이라는 원서를 봤습니다. 1, 2월이 겨울 그림이 아니고 푸른 잔디 그림에 날씨가 좋은 그림인 것을 보고 아이가 겨울 날씨가 푸릇푸릇한 모습이 이상하다고 하더라고요. 그래서 제가 "여기는 겨울이 따뜻한 날씨인 나라인가 봐."라고 했는데 아이가 그러면 12월 날씨도 겨울 날씨인지 아닌지 보자고 했습니다. 그런데 12월은 또 겨울 날씨 그림인 거예요. 아이가 1월, 2월을 왜 따뜻한 날씨로 그림을 그린 건지 너무 궁금하다고 하여 네이버에서 찾아봤으나 우리가 궁금해했던 내용은 나오질 않았습니다. 저는 직감적으로 아이에게 영어를 해야 하는 이유를 설명할 때가 왔다고 생각 했습니다.

그동안 아이가 "엄마! 영어를 왜 해야 해?"라고 물어본 적은 없었으나 영어를 해야 하는 이유를 설명하기 좋은 타이밍이라고 생각하여 아이와 오랜 시간 대화를 했습니다. 외국에 나가면 대부분의 사람들이 세계 공용어인 영어로 말하니 영어를 하게 되면 네가 원하는 정보를 직접 찾아볼 수 있다고 말하며 지금 우리가 찾는 정보도 아마 해외 사이트에는 있을 수 있다고 얘기했습니다. 엄마는 영어를 못해서 누군가가 우리말로 재가공을 해 줄 때까지 기다려야 하는데 영어를 잘하면 누군가 정보를 재가공해 줄 때까지 기다리지 않아도 되고, 네가 필요한 정보를 그때그때 직접 찾아서 볼 수가 있다고 말을 해 줬습니다.

도연 엄마의 조언

저와 남편은 앞으로도 조바심을 내지 않고, 아이가 앞에서 끌고 가면 뒤에서 밀어 주면서 기다려 주는 부모가 되려고 합니다. 이 글을 보신 부모님들께서 저희 집 사례에서 아이디어를 얻으셔서 각 가정에 맞는 습득 방식으로 영어를 노출해 주시면 좋겠습니다. 아이들에게 즐겁고 편안한 영어 노출 환경을 만들어 주세요. 우리 아이들이 영어로부터 자유로워지는 날을 꿈꾸며 글을 마칩니다.

도연네
인스타
바로 가기

미디어 노출이나 스마트폰 등
신기술에 부정적인 인식을 가진 엄마들에게
유튜브 영상으로 영어 노출을 시켰다고 하면
엄마들 머릿속에 그려지는 그림은 비슷할 것이다.
아이는 스마트폰을 손에 들고 방바닥에 드러눕거나
소파에 기대 앉아 영상을 본다.

⋮

3장

유튜브 채널 및 넷플릭스 추천

아이에게 꼭 필요한 유튜브 가이드

유튜브, 정말 괜찮나요?

미디어 노출이나 스마트폰 등 신기술에 부정적인 인식을 가진 엄마들에게 유튜브 영상으로 영어 노출을 시켰다고 하면 엄마들 머릿속에 그려지는 그림은 비슷할 것이다. 아이는 스마트폰을 손에 들고 방바닥에 드러눕거나 소파에 기대 앉아 영상을 본다. 중간중간 나오는 광고의 CM송을 따라 부르기도 하고 가끔은 요상한 영상들을 보며 깔깔거리는 모습을 상상하는 것 같다. 영상을 보는 동안은 넋을 놓고 몰입해서 엄마가 아무리 불러도 대답도 하지 않는다. 그만 보라고 백 번쯤은 말하고 소리 지르며 한바탕 난리를 쳐야 겨우 말릴 수 있다.

부모라면 누구나 걱정되고 두려운 것이 미디어 중독의 부작용이다. 우리 집이라고 이런 우려가 없었을까? 그럼에도 불구하고 과감하게 현서한테 어릴 때부터 유튜브나 넷플릭스로 영어 영상을 보여 줄 수 있었던 것은 미디어나 ICT 기술을 이용하는 것이 시대의 흐름에 따라 피할 수 없는 변화이고 잘만 이용하면 얻을 수 있는 것이 훨씬 많다는 믿음 때문이었다. 아무리 그렇다고 해도 어릴 때는 미디어보다 책 읽기를 더 좋아했으면 하는 것이 부모 마음이다. 책에 비해 미디어는 자극적인 콘텐츠가 많아서 자칫 아이의 독서 습관을 망쳐 버리지 않을까 하는 두려움은 우리도 가지고 있다.

　5년 동안 영상으로 영어 노출을 하면서 현서에게도 문제가 없었다면 거짓말이다. 현서도 영상에 강한 집착을 보이는 경우도 있었고, 그만 보게 하려면 엄마와 한바탕 소동을 벌여야 하는 시기도 있었다. 하지만 지금은 엄마도 현서도 만족할 수 있을 정도로 적절한 양의 영상을 보고 있으며, 책 읽기나 다른 활동도 골고루 잘하고 있다.

　지난 몇 년간의 현서네 경험을 바탕으로 한 유튜브 활용 팁과 안전하게 볼 수 있는 가이드는 이 장 뒷부분에, 영상을 보여 주기 위해 정해야 할 규칙과 팁에 대해서는 4장 초반에 설명되어 있다. 우선 여기선 현서가 유튜브에 빠지지 않을 수 있었던 이유를 설명하겠다.

아이에게 사탕을 뺏는 방법

아이와 함께 영상을 볼 때 규칙을 정하면 좋지만, 이보다 더 중요한 것이 있다. 다음 질문에 대해 잠시 고민해 보기 바란다.

사람들이 많은 장소에서 울고 떼쓰는 아이를 달래기 위해 엄마는 아이가 좋아하는 막대 사탕을 하나 물려 줬다고 가정해 보자. 집에 와서 한숨을 돌리고 나니, 순간을 모면하기 위해 사탕을 주긴 했는데 아이의 건강과 치아를 생각하니 도저히 다 먹도록 둘 수가 없다. 이때 어떻게 사탕을 다시 뺏을 것인가? 아이가 이성적이고 논리적이어서 엄마가 사탕을 먹으면 안 되는 이유를 잘 설명했을 때 순순히 사탕을 엄마에게 준다면 좋겠지만, 그런 아이라면 뭘 해도 별로 걱정할 게 없다. 다음으로 생각할 수 있는 방법은 아이가 좀 울더라도 미안하다고 하며 사탕을 도로 뺏는 것이다. 종종 지키지 않을 약속을 하며 아이를 살살 달래거나 아이가 무서워하는 것을 소환해 사탕을 뺏기도 할 것이다. 이 방법도 나쁘지는 않지만 아이를 속이고 기만하는 것 같아 그리 좋은 방법이라 하긴 어렵다.

가장 좋은 방법은 아이가 사탕보다 더 좋아하는 것으로 관심을 돌리도록 하고 아이 입에서 슬쩍 사탕을 빼내 오는 것이 아닐까? 사탕을 잃는 슬픔을 느끼지도 못하도록 말이다. 아이가 좋아하는 장난감일 수도 있고, 엄마와 즐겁게 하는 미술 놀이일 수도 있다. 영상에 중독이 되는 건 아이가 영상 말고는 특별히 재미있게 할 수 있는 것이 없기 때문일 가능성이 높다. 영상을 보는 것보다 아이가 더 좋아할 만한 것들이 충분히 있으면 된다.

현서 역시 영상을 한번 보기 시작하면 넋을 놓고 본다. 그만 보라고 했을 때 매번 순순히 말을 듣는 것은 아니다. 하지만 참 다행인 건 현서는 영상 보는 것 외에도 재미있게 할 수 있는 것이 꽤나 많다는 것이다. 책 읽기도 그중 하나다. 현서 엄마한테 지금까지도 가장 고마운 것은 현서가 아직 우리말도 제대로 못하던 3살 때부터 매일 밤 30분씩 잠자리 독서를 해 주었다는 것이다. 덕분에 자연스럽게 독서 습관이 길러졌고, 호기심 많고 똑똑한 아이로 자랐다. 잠자리 독서는 9살인 아직까지도 거의 매일 거르지 않고 한다.

현서는 책 읽는 것의 즐거움을 알기에 영상에 중독되지는 않는다. 그리고 TV를 전혀 보지 않는다. 그래서 현서는 국내 애니메이션이나 예능 프로그램, 아이돌이나 유행가를 거의 알지 못한다. 엄마, 아빠가 TV를 보지 않으니 자연스럽게 현서도 TV를 볼 기회가 없다. 엄마가 가끔 인기 드라마를 보긴 하지만 주로 현서를 재우고 혼자 있는 시간에 인터넷으로 본다.

그 외에도 현서가 하는 활동들은 모두 스스로 좋아서 하는 것들이다. 책을 많이 읽다 보니 틈만 나면 앉아서 혼자 글을 쓰거나 그림을 그린다. 처음에는 공책이나 스케치북에 크레용으로만 그리더니 다양한 펜이나 미술 도구들로 자신이 생각하는 그림을 그리려고 한다. 그러다 언젠가부터는 태블릿이나 PC로도 그림을 그려 보더니 애니메이션도 만든다. 책과 영상을 많이 봐서 창작을 하고 싶은 욕구가 생겨나나 보다. 아빠와 닌텐도 스위치로 게임을 하거나 보드게임을 하는 것도 재미있다. 함께 영상 촬영을 하는 것도 아주 좋아하는 활동 중 하나이다. 쓰고 보니 정말 다 현서가 좋아하는 놀이밖에 없다.

그러다 보니 영상 중독은 되지 않는다. 영상에 몰입하다가도 다른 할 것을 제안해 주면 금방 또 재미있게 한다. 2학년인 아직까지는 딱히 공부라고 할 만한 것을 하지 않았다. 현서가 유일하게 하기 싫은 것은 매일 엄마와 20분씩 하는 수학 문제 풀기와 주산밖에 없다. 그 외에 모든 것은 현서한테 즐거운 놀이이다. 그러니 영상에 중독될 일이 없는 것이 아닐까 싶다. 이런 것들은 현서라는 여

작가가 꿈인
현서의 글쓰기

▶ 영상 바로 보기

자아이가 7~9살 때 좋아했던 활동들이다. 내 아이가 영상을 보는 것보다 좋아하는 활동은 뭘까? 분명히 영상 보기 말고도 아이가 좋아하는 활동이 있을 것이다. 없다고 하면 엄마, 아빠가 좀 더 노력해서 찾아 주어야 한다. 아이가 아직 충분히 다양한 활동을 경험해 보지 못해서일 수 있기 때문이다.

그 외 현서가 좋아하는 것은 친구와 놀이터에서 놀기, 친구네 집에 가서 놀기, 인라인스케이트 타기, 엄마 아빠와 공원에서 놀기 등이었다. 하지만 코로나가 터진 이후로 야외 활동이 어렵게 된 시기에는 집에서 혼자 그림을 그리고, 글을 쓰고, 책을 읽고, 이런저런 게임을 만들거나 다양한 영상을 보면서 대부분의 시간을 보냈다.

유튜브 보며
'마이 리틀 포니'
따라 그리기

▶ 영상 바로 보기

내 아이에 맞는 영상 고르기

인터넷이 갓 세상에 공개되었을 때 이를 '정보의 바다'라고 불렀다. 지금은 '바다'라는 표현으로는 턱없이 부족할 정도로 인터넷에 쌓인 정보의 양은 상상할 수 없을 만큼 방대해졌다.

영어에 "You are what you eat."이라는 표현이 있다. 지금 내 몸을 이루고 있는 뼈와 살과 피는 내가 매일 먹는 음식들로 이루어졌다는 의미다. 그러니 어떤 음식을 먹는지가 중요하다. 아무 음식이나 닥치는 대로 먹으면 우리 몸에 반드시 이상이 생긴다.

책은 마음의 양식이라는 말도 있다. 우리가 평소에 읽는 책이 결국 우리가 얼마나 건강한 생각과 행동을 하는지 영향을 미친다. 그리고 책보다 훨씬 큰 영향을 미치는 것이 미디어다. 어릴 때 어떤 책을 읽고 어떤 미디어를 접하는지가 우리의 가치관과 사고방식을 형성하는 데 결정적인 역할을 한다. 입맛에 맞고 간편히 먹을 수 있는 정크 푸드가 비만의 원인이 되듯, 책과 미디어 등의 정보도 가리지 않고 받아들이게 되면 필요도 없는 정보로 머리가 가득 차게 된다. 학자들은 이런 상황을 정보 비만(Information Obesity)이라고 부른다. 아직 지식과 정보가 많지 않은 아이들에게 엄마, 아빠가 어떤 책을 읽히고 어떤 미디어에 노출시킬지가 큰 영향을 끼친다.

매일 새로운 상품과 정보가 쏟아지다 보니 사람들이 필요로 하는 정보를 검색해서 비교해 보고 그들의 요구에 맞는 결과를 찾아 주는 사람들이 영향력을 발휘하기 시작한 지도 오래다. 인터넷 블로그에서 맛집이나 여행지를 소개해 주는 파워블로거들이 그랬다. 유튜브에서 가전제품이나 스마트폰, PC, 태블릿 등 전자제품을 구매해서 비교 분석해 주는 인플루언서들의 수도 많아지고 있다. 이들 모두 너무나 선택권이 많아진 구매자들이 현명한 소비와 선택을 할 수 있도록 도와주면서 가치를 창출하고 있다. 내가 사고 싶었던 제품들을 일일이 비교 분석해 주니 구매 결정을 할 때는 시간을 아낄 수 있어 큰 도움이 된다.

우리 아이한테 맞는 책이나 영상을 찾을 때도 마찬가지다. 세상에는 좋은 책이 너무나 많다. 그 많은 책을 다 보고 우리 아이의 레벨과 관심사에 맞는 책을 찾아 줘야 한다고 생각하면 시작할 엄두가 나지 않는다. 영상도 마찬가지다. 영상으로 영어 노출을 시키려고 해도 도대체 어떤 영상부터 보여 주면 좋을지 몰라 시작을 못 하시는 분들도 많다. 그래서 연령대별로 교육적이면서 아이들이 좋아할 만한 유튜브 영상들을 추천하려 한다. 여기에 추천된 채널 모두를 아이가 봐야 한다는 것이 아니다. 아이에게 몇 개의 영상을 보여 주고 좋아하면 그 채널의 영상들을 질릴 때까지 계속 보여 주면 된다. 그게 한 달일 수도 있고 일 년이 될 수도 있다. 아이가 자라면서 좋아하는 채널도 바뀔 것이니 평소 좋아하는 채널들 서너 개쯤을 찾아 놓고 계속 보여 주면 된다.

엄마표 영어 시작은 이렇게!

처음 시작은 슈퍼심플송(Super Simple Songs)

"시작이 반이다."라는 말이 있다. 많은 엄마들이 엄마표 영어를 시작하려는데 뭐부터 해야 할지 몰라 고민하는 경우가 많다. 알파벳, 파닉스, 사이트워드, 흘려듣기 등 용어부터 알아야 할 것 같고, 아이 수준에 맞는 영어 그림책 먼저 사 줘야 할 것 같고 시작하기 위해 필요한 것들을 생각하다 보면 벌써 시간만 한참 흐른다.

그런 엄마들을 위해 제일 먼저 추천하는 건 '슈퍼심플송(Super Simple Songs)'이다. 3살부터 7살까지의 아이라면, 어디서 시작해야 할지 모르겠다면 다른 생각은 하지 말고 당장 '슈퍼심플송'을 보여 주는 것으로 시작해라. 정말 초강추 유튜브 채널이다. 알파벳을 몰라도 전에 영어를 한 번도 한 적이 없어도 좋다. 슈퍼심플송 채널에는 어린 학습자들이 챈트와 노래로 중요 영어 단어와 표현들을 익힐 수 있게 만든 영상 수백 개가 있다. 비슷한 유형의 채널 중에 구독자 수로만 보면 'Cocomelon'이나 'Little Baby Bum'이 더 인기가 있지만 '슈퍼심플송'을 강력히 추천하는 데는 이유가 있다.

'슈퍼심플송'은 일본의 도쿄 근교에서 아이들에게 영어를 가르치던 캐나다 선생님들에 의해서 시작되었다. 이 선생님들은 챈트나 노래가 아이들이 영어와 가장 자연스럽게 친해지고 쉽게 배울 수 있는 최선의 방법임을 경험을 통해 알고 있었다. 하지만 당시의 가장 쉽다는 영어 노래조차도 가사가 길고 아이들이 따라 부르기에는 너무 어려웠다. 게다가 템포도 빨라 수업 시간에 어린 친구들이 율동을 하면서 부르기는 쉽지 않았다. 그래서 2005년부터 선생님들이 직접 편곡이나 작곡을 하기 시작했다. 가사는 쉽게, 템포는 적당하게 고치고 간주를 더 길게 해서 율동 시간을 늘렸다. 그리고 무엇보다 중요한 노래를 재미있고 쉬운 리듬으로 만들었다. 이 노래들로 하는 수업의 효과가 너무나 폭발적이어서 CD로 만들어 일본 내 선생님들에게 공유하기 시작했고, 2006년부터는 수업에서 사용하는 방법을 영상으로 만들어 유튜브라는 웹사이트에 올리기 시작한 것이다. (2006년 당시 유튜브는 그저 하나의 동영상 스트리밍 서비스에 지나지 않았고, 그해에 구글에서 인수했다.) 원래 선생님들을 위해 만든 영상인데 엄마들이 아이들에게도 보여 주기 시작했고, 유튜브가 성장하면서 조회 수도 같이 늘어나 현재와 같은 영어교육 전문 채널이 되었다고 한다. 2020년 10월 기준, 구독자 수는 2,500만 명, 총 520개 영상의 누적 조회 수는 236억 회에 이른다.

'Cocomelon'이나 'Little Baby Bum'의 영상들도 굉장히 훌륭하다. 이들의 영상을 보면 콘텐츠 개발비 중 가장 큰 부분을 애니메이션 제작에 쓴 것 같다는 생각이 든다. 3D 애니메이션의 퀄리티가 '슈퍼심플송'과는 비교가 되지 않게 좋다. 대신 '슈퍼심플송'은 가사가 더 쉽고 간편하며 노래들의 중독성이 더 강해 어린 친구들이 따라 부르기가 더 쉽다. 엄마들이 잘 알고 있는 'Nursery Rhymes'나 'Mother Goose Club' 같은 영미권의 전래 동요들은 우리 귀에도 익숙한 리듬으로 가사도 따라 부르기 쉽지만, 아무래도 영미권 아이들을 위해 만들어진 동요다 보니 종종 우리는 잘

현서가 '슈퍼심플송'을 보며 따라 부르는 영상

▶ 영상 바로 보기

쓰지 않는 단어나 표현들이 나온다. 이런 이유로 처음 영어를 외국어로 배우는 아이들에게는 이보다 더 쉽고 간단한 '슈퍼심플송'이 최고의 콘텐츠라고 생각하고 강력히 추천한다.

단, 아이들에게 보여 주고 함께 결정하는 것이 바람직하다. 그 외에도 처음 시작하는 아이들을 위한 영어 동요 채널이 많으니 다 보여 주고 결정하기 바란다.

아이들이 좋아하는 이런 영상들에는 몇 가지 공통점이 있다. 우선 리듬이 굉장히 단순하고 중독성이 강하다. 어른, 아이 할 것 없이 몇 번 들으면 쉽게 따라 할 수 있는 것이 최고의 장점이다. 여기에 영상은 전체적으로 다채롭고 색이 강렬하며, 그림도 선이 굵직굵직하고 강하다. 영상 내 캐릭터들의 움직임은 생동감 있고 화면 전환도 빠른 편이다. 이때마다 나오는 효과음은 아이들이 잠시도 눈과 귀를 화면에서 떼지 못하고 온 신경을 집중하도록 만든다. 이런 영상을 보는 아이들은 몇 번만 듣다 보면 어깨를 들썩이면서 노래를 웅얼웅얼 따라 하게 된다. 이런 광경을 처음 보는 엄마들은 우리 아이가 언어 천재가 아닌지 놀라게 된다.

아직 아이에게 영어 챈트나 노래 등을 노출시켜 준 적이 없다면 오늘 바로 '슈퍼심플송'으로 하루 한 시간씩 영어 노출 환경을 만들어 주는 것으로 엄마표 영어를 시작할 것을 강력히 추천한다.

어떤 슈퍼심플송 영상을 먼저 보여 주나요?

그런데 '슈퍼심플송'에만 해도 이미 500개가 넘는 동영상이 있다 보니 어떤 영상부터 보여 줄지 고민하는 엄마들이 있을 것이다. 그래서 단계별로 보여 줄 영상을 재생목록으로 만들어 놓았고 '현서 아빠표 영어' 유튜브 채널에서 이 재생목록을 볼 수 있다. 총 7가지 재생목록마다 각각 20~30개의 영상이 있다.

단계 구분은 다음과 같이 했다. 대부분의 시간을 집에서 엄마와 보내는 아이의 입장에서 가장 자주 접하는 사물과 개념들 위주로 생각해 보면 된다. 어른들이야 직업이나 관심사에 따라 다르겠지만 생활 반경이 정해진 아이들한테는 눈에 보이는 명사들부터 시작해서 추상적인 개념이나 감정들까지를 필수 단어라고 할 수 있을 것이다. 이는 아이가 우리말 단어들을 말하는 순서와도 크게 다르지 않다.

첫 번째 재생목록은 이미 아이들 귀에 익숙한 챈트와 동요로 만들어진 영상들을 포함시켰다. 우리 귀에도 익숙한 영미권 전래 동요인 'Nursery Rhymes'이나 아이들이 어린이집이나 유치원에서 이미 들어서 알고 있는 노래를 들으며 기본 영어 단어와 표현을 익힐 수 있다.

두 번째 재생목록의 영상들로는 알파벳과 수, 색이나 도형을 영어로 익히게 된다. 수와 색은 우리말을 할 때도 가장 먼저 배우는 단어들이다. 정말 중독성이 강한 노래들을 따라 부르다 보면 오래지 않아 아이들이 수나 색은 모두 영어로 말할 것이다. 알파벳도 챈트를 따라 부르며 자연스럽게 익히게 된다.

다음 재생목록의 영상에서는 눈, 코, 입이나 손, 발 등 신체 부위와 엄마, 아빠, 형제자매 등 내 가족 구성원의 명칭을 영어로 익힐 수 있다. 어른들은 헷갈려하는 요일과 12개월 그리고 계절도 아이들은 노래로 반복해서 들으며 쉽게 익히는 놀라운 광경도 보게 될 것이다.

재생목록	내용
영어 첫 걸음 #1	동요 / Nursery Rhymes
영어 첫 걸음 #2	알파벳 / 수 / 색 / 도형
영어 첫 걸음 #3	나 / 가족 / 집 주변 환경
영어 첫 걸음 #4	음식 / 동물 / 감정
영어 첫 걸음 #5	기본 표현
영어 첫 걸음 #6	일상생활 / 좋은 습관
영어 첫 걸음 #7	크리스마스 / 핼러윈

재생목록
바로 가기

네 번째 재생목록은 평소 아이들이 가장 자주 말하게 되는 음식과 동물, 그리고 감정이다. 특히 "Do you like ~?"로 시작하는 영상은 아이들이 몇 번만 보면 바로 "~ 좋아하세요?"를 엄마한테 영어로 물어볼 것이다. 재미있는 노래를 반복적으로 들으며 따라 하는 언어 습득 방법이 얼마나 강력한지를 직접 경험하실 수 있다. 동물도 너무나 중요하다. 유아기 때 아이들에게는 여러 동물의 이름을 알아가는 것이 굉장히 중요한 학습이고 큰 기쁨이다. 그리고 '행복하다', '화나다' 등 자신의 감정을 표현하는 영어 단어들도 익히게 된다.

다섯 번째 재생목록에는 'Hello', 'What's your name?', 'Good bye', 'See you later' 등의 기본 인사와 'What's this?', 'What's that?', 'Yes I can.', 'Are you hungry?' 등의 기본 표현을 노래를 부르며 배우는 영상들이 포함되어 있다.

여섯 번째 재생목록은 단순히 영어 단어와 표현을 배우는 것을 넘어, 아이들에게 좋은 습관을 가르쳐 주기 위해 만들어진 영상들이다. 외출할 때 옷을 챙겨 입거나, 양치질하기, 정리하기, 줄서기, 목욕하기 등이 포함되어 아이들이 즐겁게 좋은 습관을 기르며 영어도 배울 수 있도록 도와준다.

마지막 일곱 번째 재생목록에서는 영미권 문화지만 우리나라에서도 큰 기념일이 된 크리스마스와 핼러윈에 관한 노래들이 포함되어 있어, 영어뿐 아니라 영미권 국가의 문화도 간접 체험할 수 있게 된다.

한 재생목록의 영상들을 모두 보면 40~60분 정도 걸린다. 하루 하나의 재생목록을 보여 주면 적당하다. 하나의 재생목록을 일주일씩 보여 주는 방법도 좋고, 매일 다른 재생목록을 하나씩 보여 주는 것도 좋다. 둘 다 괜찮으니 아이의 성향에 맞게 보여 주면 된다. 중요한 것은 가능하면 같은 영상을 주기적으로 반복해서 보여 줘서 거기에 나오는 표현들은 모두 익숙하도록 하는 것이다. 그렇지 않고 계속 새로운 것만 찾아서 보여 준다고 하면 하나의 표현도 익히지 못할 수 있으니 숫자면 숫자, 동물이면 동물, 또는 기본 표현들이 아이 입에서 나올 때까지 반복적으로 보여 주길 권한다. 이 영상들만 다 보고 여기에 있는 단어와 표현만 다 익혀도 영어의 기본은 완성이라고 보면 된다.

이렇게 '슈퍼심플송'으로 시작해서 3~4개월 정도 노출을 시키다 보면, 아이의 관심사가 분명히 보일 것이고 그 이후에는 '슈퍼심플송'의 나머지 300여 개의 영상이나 다음 장에 나오는 추천 채널들 중 아이가 관심 있어 하는 것을 골라 매일 한 시간씩 꾸준히 영어 영상으로 노출 환경을 만들어 주면 된다.

슈퍼심플송 워크시트 활용

'슈퍼심플송'을 강력히 추천하는 이유는 또 한 가지가 있다. 바로 '슈퍼심플송'에서 제공해 주는 다양한 무료 워크시트 때문이다. 아래 홈페이지 링크에서 'FREE PRINTABLES'로 가면 플래시카드, 워크시트, 색칠 공부, 게임, 노래 가사, 공작 놀이 등 엄청난 양의 자료를 무료로 다운로드할 수 있다.

사실 현서는 이런 워크시트를 가지고 별도의 학습을 하지는 않았다. 4살에 시작하다 보니 그냥 영상을 즐기는 것만으로도 충분하다고 생각했고, 오히려 학습이 영어에 대한 거부감을 키울 수 있다는 걱정 때문이었다. 하지만 그보다 좀 더 늦게 시작하는 친구들은 이런 워크시트를 다운로드하여 출력해서 엄마와 재미있게 놀이 형태의 학습을 하는 것도 도움이 될 수 있다. 다만 아이가 조금이라도 학습이라고 느끼고 거부한다면 바로 중단해야 한다. 정말 아

무료 워크시트를 다운로드할 수 있는 FREE PRINTABLES

이가 '슈퍼심플송'의 노래나 캐릭터, 그림들을 좋아하고 이들을 가지고 색칠 공부를 하거나 알파벳 따라 쓰기 등의 활동을 즐길 수 있을 때에만 해야 한다.

혹시 그래도 아이와 이런 학습을 반드시 해야만 한다고 생각하신다면 순서를 바꿀 것을 권장한다. 즉 영상을 보고 학습을 해야 하는 것이 의무로 느껴지면 거부하고 싫어질 수 있다. 왜냐하면 영상을 보면 다음에는 워크시트를 풀어야 하는 것을 이미 알고 있기 때문에 영상을 온전히 즐길 수 없게 되거나 심하면 영상 보는 것조차 거부할 수 있기 때문이다. 그런 경우 반대로 워크시트를 먼저 했을 때 보상으로 영상을 보여 주는 것으로 순서만 바꿔도 아이가 받아들이는 것은 달라질 것이다.

그럼에도 불구하고 절대 잊지 말아야 하는 것은 아이가 영어를 즐기고 좋아하도록 하는 것이다. 이에 반하는 방법은 무엇이 되었든 해서는 안 된다. 아이가 평생 영어 거부자가 될 수 있다.

---

* 여기에 소개된 채널들은 모두 원저작권자의 공식 채널이다. 저작권 침해의 소지가 있는, 개인이 녹화한 Read Aloud나 애니메이션, 영화 등을 올린 채널들은 모두 제외했다.

연령별 추천 유튜브 채널

취학 전 아동

아이들에게 노래나 챈트만큼 좋은 영어 학습 콘텐츠는 없을 것이다. 앞서 소개한 '슈퍼심플송'을 강력하게 추천하지만 혹시 아이가 좋아하지 않으면 이와 비슷한 채널들이 많으니 그중에서 선택하면 된다. 이 나이 아이들에게 무엇보다 중요한 것은 단어를 물어보거나 내용을 아는지 확인해 보는 등 아이가 조금이라도 거부감을 가질 만한 것들은 최대한 자제하고, 영어 영상 보기를 온전히 즐기도록 해야 하는 것이다.

일부 채널은 자체 홈페이지에서 무료로 다운로드해서 출력해 사용할 수 있는 단어장이나, 색칠 공부 등 워크시트를 제공한다.

아이가 놀이로 즐길 수 있는 선에서 해 주는 것도 좋은 방법이다. 4장의 '영상 본 후 활동'에 이 사이트들의 링크를 모아 놓았다.

영어 영상에 관심 있는 엄마들이라면 한 번쯤은 들어 봤을 만한 '페파피그(Peppa Pig)'나 '까이유(Caillou)' 같은 TV용 애니메이션도 이 나이 때 보여 주기 좋다. 아이는 물론 부모들에게도 필요한 내용을 다루고 있어 큰 도움이 된다. 추천 유튜브 영상 전체 리스트는 부록에서 확인할 수 있다.

♡추천 **Little Baby Bum**

구독자 수 2,340만
영상 수 509개
대상 유아
장르 알파벳, 파닉스, Nursery Rhymes 등

6살 Mia가 가족, 친구들과 함께 주변의 사물들을 만나며 재미있게 춤추고 노래하며 주요 단어를 익히고 기억할 수 있는 콘텐츠로 구성.
이 나이 때 아이들에게 중요한 가족과의 유대 관계, 친구들과의 사회성을 기르는 것을 목적으로 콘텐츠가 제작됨.

 주인공 Mia와 비슷한 연령의 호기심 많은 아이들에게 추천

초등 1~2학년

취학 전부터 1년 이상 꾸준히 영상을 봤다면, 기본 단어와 표현은 어느 정도 알고 있고 조금 더 수준 높은 영상을 보여 줘도 거부감이 없을 시기이다. 대신 챈트, 동요 등으로 배우는 영어는 시시해지고, 갈등 구조가 없는 TV 시리즈도 조금씩 지루함을 느낄 수 있다. 이때부터는 이야기의 흐름을 갖춘 장편 디즈니 영화를 보여 주기 좋은 시기이다. 그림 그리기나, 종이 접기, 만들기 등을 좋아한다면 이와 관련된 영상을 보며 영어로 원하는 것을 배울 수 있다.

♡추천 **My Little Pony Official**

구독자 수 2,340만
영상 수 1,478개
대상 6~11세
장르 TV 프로그램

6마리 포니들의 우정을 다룬 캐나다에서 TV 시리즈로 처음 방영된 이후 지금은 전 세계 30개 언어로 번역되어 방영되는 중. 현서가 가장 많이 본 TV 애니메이션으로 국내에서 많은 팬을 확보하고 있음.

👍 여자아이들이라면 누구나 좋아할 매력적인 시리즈

초등 3학년 이상

'Learn to Watch' 시기를 지나 'Watch to learn'이 되는 단계이다. 지적 호기심도 같이 커지는 시기이기도 하다. 책을 읽을 때도 픽션(Fiction)이 아니라 과학이나 상식, 역사 등을 다루는 논픽션(Non-fiction) 책을 읽으며 지적 욕구를 채워야 한다. 이 나이 때는 호불호가 분명해 자연, 요리, 과학, 영화, 게임 등 아이가 좋아하는 것만 파악하면 영상을 찾아 주는 것은 쉽다.

♡추천 **Ted Ed**

구독자 수 1,250만
영상 수 1,736개
대상 8~13세
장르 인문/과학

전 세계 곳곳 학생과 선생님들의 기발한 아이디어를 세상에 전파하기 위해 최고의 애니메이션을 제작해 제공함. 과학/인문/역사 등 아이들의 호기심을 자극하는 모든 지식을 총망라하는 채널.

 과학/역사/인문 등 세상의 모든 지식에 호기심이 많은 아이들에게 강추

우리 아이를 위한
유튜브 활용 팁 및 안전 가이드

유튜브 제대로 활용하기

이제는 젊은 엄마, 아빠들도 꽤나 많은 영상 콘텐츠를 유튜브로 소비하는 시대가 되었다. 어른들이야 보고 싶은 영상을 검색해서 보면 된다. 그렇게 몇 번 검색해서 찾은 영상을 보고 나면 비슷한 영상들을 유튜브에서 자동으로 추천해 준다. 사용자의 취향을 파악해 좋아할 확률이 높은 영상들을 우선 추천해 주는 알고리즘이 잘 설계되어 있기 때문이다.

하지만 우리 아이들 같은 경우는 이야기가 다르다. 아무 영상이나 아이들이 찾아서 보게 둘 수는 없는 노릇이고, 초반에는 엄마가 찾아 준 영상 내에서 보도록 해야 한다. 보는 방법도 어른과 다르기 때문에 영어 노출을 목적으로 잘 활용하기 위해 몇 가지 주의 해야 할 사항들이 있다. 다행히 유튜브 자체에 필요한 기능들이 구현되어 있어 이를 적극 활용하면 된다.

유튜브는 스마트폰이나 태블릿 PC의 유튜브 앱으로 보는 방법이 있고, PC에서 웹브라우저를 열어 웹사이트에서 보는 방법이 있다. 4장 영상 보여 주는 팁에서 자세히 다루겠지만 아이들에게 영상을 보여 줄 때는 거실의 큰 TV에 스마트폰 화면을 미러링 또는 캐스팅을 해서 보여 주는 것을 추천한다. 그래서 여기서는 스마트폰의 유튜브 앱 화면 중심으로 설명하도록 하겠다. PC를 큰 TV나 모니터에 연결해서 보여 주는 경우도 큰 차이는 없으니 별도의 설명은 생략하겠다.

재생목록 활용하기

앞서 소개한 유튜브 채널 중에 우리 아이가 좋아하는 채널을 찾는 것이 가장 먼저 할 일이다. 아이가 좋아하는 채널을 구독했다면 유튜브 앱을 실행했을 때 보이는 메인 화면 하단에 '구독'이란 메뉴가 있다. 가장 쉬운 방법은 여기를 통해 구독한 채널에 들어가서 영상을 재생해 주는 것이다. 하지만 이 방법은 매번 영상을 찾아야 하고, 구독한 채널 수가 많아질수록 찾기가 불편해진다.

이럴 때 사용할 수 있는 것이 '재생목록'이다. 각 유튜브 채널의 메인 화면에 '홈', '동영상', '재생목록', '커뮤니티', '채널', 그리고 '정보'라는 메뉴가 있다. '재생목록'은 해당 유튜브 채널의 동영상들을 분류에 맞게 정리한 영상들의 묶음이다. 어린이를 대상으로 하는 채널의 '재생목록'에는 레벨이나 내용이 비슷한 영상들을 모아 놓는 경우가 많다. 재생목록이 없다면 영상 하나가 끝나면 다음 영상 재생을 위해 선택을 해야 한다. 하지만 재생목록을 선택한 후 전체 재생을 터치하면 모든 영상을 자동 재생으로 시청할 수 있다.

특히 '슈퍼심플송'이나, '코코멜론'처럼 2~3분짜리 짧은 영상은 영상 하나가 끝날 때마다 엄마가 다음 영상을 골라 줄 필요가 없어지게 된다. 더 좋은 것은 이 재생목록 상단의 '저장하기'를 터치하면 나의 '보관함'에 추가할 수 있다는 것이다. 그러면 굳이 구독한 채널을 방문하지 않고도 나의 '보관함' 메뉴에서 목록의 영상을 재생할 수 있다.

원하는 유튜브 채널에서 특정 재생목록을 터치하면 해당 제목 아래 네 개의 버튼이 보이는데 두 번째 버튼이 '재생목록 저장하기' 버튼이다. 이를 터치하면 이 재생목록은 내 보관함에 추가가 되고, 다음부터는 앱 맨 아래의 '보관함' 버튼을 터치하면 해당 재생목록을 볼 수 있다. 한번 추가한 재생목록의 영상들을 아이가 익숙해질 때까지 반복해서 꾸준히 보여 주면 좋다. 어느 정도 아이가 익숙해지면 다른 재생목록을 찾아 보관함에 추가하고 더 이상 보지 않을 재생목록은 삭제하면 된다.

　더 좋은 방법은 여러 채널에서 아이가 좋아하는 영상을 하나씩 골라 우리 아이만을 위한 재생목록을 만들어 주는 것이었다. 앞서 소개한 현서네 유튜브 채널에 있는 '슈퍼심플송' 영상들의 재생목록도 그렇게 만든 것이다. 2020년 초까지만 해도 재생목록을 만들어 원하는 영상들을 추가하는 데 제약이 없었다. 하지만 아쉽게도 그 기능을 사용할 수 없도록 유튜브에서 제한을 걸어 버렸다. 더 이상 어린이용 영상으로는 재생목록을 만들 수 없게 된 것이다. 처음으로 영어 영상 노출을 시작하려는 분들은 앞서 소개한 '슈퍼심플송' 재생목록을 저장한 후 사용할 것을 추천한다.

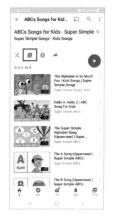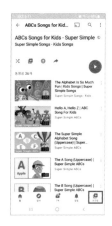

재생목록 활용

실시간 방송 및 Compilation 영상 활용하기

유튜브에 있는 유아용 영어 교육 영상들은 노래가 많다 보니 재생 시간이 1~3분으로 짧다는 것이 가장 큰 단점이다. '페파피그'나 '까이유' 같은 TV용 애니메이션도 에피소드 하나가 10~20분 정도이다. 이를 보완하기 위해 초기에 유튜브 채널 운영자가 활용하는 방법 중 하나가 앞서 소개한 재생목록이었다. 그리고 두 가지 방법이 더 있는데 하나는 짧은 영상들을 연결하는 편집 작업을 해서 1~2시간짜리 긴 영상으로 만드는 것이다. 여러 에피소드를 연결하는 경우도 있지만, 각 에피소드의 일부를 연결해 붙이는 모음집(Compilation) 영상들도 많았다. 페파피그 채널에 이런 영상들이 많았는데, 이미 시리즈를 다 본 친구들은 괜찮겠지만, 그렇지 않

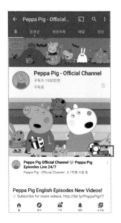

실시간 방송 영상

모음집 영상

은 친구들은 이 영상을 봐도 내용이 연결되지 않아 집중해서 보기는 좋지 않다.

이런 이유로 '페파피그'나 '토마스와 친구들' 같은 TV 애니메이션을 보유한 채널에서는 최근에 24시간 실시간 방송(Live Streaming)으로 일부 에피소드 전체를 틀어 주고 있다. 해당 시리즈를 좋아하는 아이들에게는 더 없이 좋은 페파피그 시청 방법이다. 하지만 같은 영상을 반복해서 보면서 그 안의 표현들을 익히는 것이 목적인 경우에는 적합하지 않다. 이 둘 중 어떤 방법으로 보여 줄지는 아이의 영어 수준과 학습 성향에 맞게 엄마가 선택하면 된다. 가능하면 같은 영상을 반복해서 보는 것이 좋기 때문에 실시간 방송보다는 일부 에피소드나 시즌을 반복해서 보는 것을 추천하지만, 아이가 반복해서 보는 것을 싫어하고 계속 새로운 에피소드를 보고 싶어 하면 실시간 방송을 보는 것도 좋은 방법이다.

시청 중단 시간 알림

영상 같은 매체의 단점은 눈으로 보고 귀로 들으면서 온 신경을 집중해야 한다는 것이다. 아이들의 경우 그만 보게 하려면 한바탕 소동을 치러야 한다. 현서도 한때 그런 적이 있었다. 이 문제를 해결하기 위해 했던 방법이, 보기 전에 미리 시간을 정해 놓는 것이었다. 다행인 것은 유튜브 앱 자체에 정해진 시간이 되면 재생을 정지하는 기능이 있다는 것이다. 아마 우리 같은 부모들 때문에 추가한 기능이 아닐까 싶다. 유튜브 앱 오른쪽 상단의 내 계정 프로필 사진을 터치한 후 '설정'을 터치하면 맨 위에 '시청 중단 시간 알림' 기능이 있다. 여기서 설정한 시간이 지나면 영상이 정지되며 '시청을 중단하고 쉬시겠어요?'라는 메시지가 나온다.

| 1. 상단 프로필 터치 | 2. '설정' 터치 | 3. '일반' 터치 |

제한 모드로 부적절한 영상 차단

유튜브를 아이에게 보여 줄 때 가장 우려되는 사항 중 하나가 바로 부적절한 영상의 노출이다. 유튜브 측에서도 이를 우려해서 선정적이거나 폭력적이어서 미성년자에게 유해할 수 있는 영상들을 거를 수 있는 기능이 포함되어 있다. 단, 필터링이 완벽할 수는 없고 이 제한 모드는 기기별로 설정을 해 주어야 한다. 제한 모드 활성화는 위 시청 중단 시간 알림처럼 '설정'의 '일반' 메뉴에서 할 수 있다. '일반' 메뉴에 들어가면 맨 아래에 '제한 모드'라는 메뉴를 찾을 수 있다.

4. '시청 중단 시간 알림' 터치

5. 알림 시간 입력

6. 시청 중단 알림 메시지

자막 활용 및 스크립트 인쇄하기

아직 글을 못 읽는 아이들의 경우, 자막의 유무가 중요하지 않다. 어느 정도 영어 읽기가 되는 아이라도 최선은 자막 없이 그대로 듣는 것이지만, 아이의 학습 성향에 따라 영어 자막을 켜고 보는 것이 도움이 되기도 한다. 오히려 영어 자막이 있다면 문자에 익숙한 엄마에게 훨씬 더 유용할 것이다. 일부 영어 교육용 콘텐츠는 영상 자체에 영어 자막을 넣어 영상 시청자들에 편의를 제공하기도 한다. 하지만 대부분의 유튜브 영상에는 콘텐츠 생산자가 직접 넣은 자막 대신 유튜브에서 자동 생성된 자막이 제공된다. 유튜브의 자체 음성 인식 시스템으로 해당 영상에서 하는 말을 인식해 자동으로 생성되는 것이다. 그렇다 보니 정확도가 떨어지긴 하지만, 어

스크립트 활용

린이 콘텐츠의 자막은 꽤나 정확하여 크게 불편하지 않다.

자막을 보기 위해서는 영상의 오른쪽 상단의 메뉴(세 개의 점)를 터치해 '자막'을 선택한 후 '영어(자동 생성됨)'를 선택하면 된다. 그리고 이 자막을 인쇄해 사용할 수도 있다. 인쇄를 하기 위해서는 우선 PC에서 해당 유튜브 영상을 열어야 한다. 영상이 재생되는 창 바로 아래 오른쪽 끝의 메뉴(세 개의 점)을 클릭하면 '스크립트 열기'가 나오고 이를 클릭하면 영상 재생 창 오른쪽에 스크립트 창이 뜬다. 여기에 나오는 스크립트(자막)를 드래그해서 일반 워드 문서로 복사해 인쇄하면 된다. 기본으로 시간이 같이 나오게 되어 있지만 이 시간을 없애고 인쇄를 하고 싶다면 스크립트 창의 오른쪽 상단의 메뉴(세 개의 점)을 클릭해서 '타임 스탬프 전환'을 선택하면 시간은 없어지고 자막만 남게 된다. 이렇게 자막을 인쇄해서 엄마가 보고, 아이가 궁금했던 단어를 알려 주거나 이해가 잘 가지 않았던 내용은 설명을 해 줄 수 있다.

오프라인 저장하기

유튜브의 모든 동영상은 모바일 기기에 저장이 가능하다. 실내에서 와이파이를 이용해 영상을 볼 때는 문제가 아니지만, 외부에서도 영상을 봐야 한다면 와이파이가 연결된 동안 내 스마트폰이나 태블릿 PC에 저장이 가능하다. 이동하는 차 안에서 아이에게 영상을 틀어 주고 듣기만 할 수 있어도 큰 도움이 된다. 스마트폰에서 영상을 보는 화면의 하단에 있는 '오프라인 저장'만 터치하면 된다. 물론 스마트폰에 충분한 저장 용량이 있어야 한다. 다 봐서 더 이상 필요 없는 영상은 바로바로 지우는 게 좋다. 메인 메뉴의 '보관함'에 가면 '오프라인 저장 동영상' 메뉴가 있고 여기에서 저장된 동영상은 삭제가 가능하다.

유튜브 광고 없애기

유튜브를 꺼려하는 가장 큰 이유 중에 하나가 무작위로 노출되는 광고다. 느닷없이 대부업 광고의 CM송을 따라 하는 아이들을 보며 웃을 수만은 없는 일이다. 유튜브 광고를 차단하는 프로그램들이 있긴 하지만 또 다른 보안 문제를 일으킬 수 있어 추천하고 싶지는 않다. 가장 확실한 방법은 유튜브 프리미엄 결제를 하는 것이다. 월 만 원이 채 되지 않지만 광고가 전혀 나오지 않아 벌써 몇 년째 쓰고 있다. 아이 교육비라고 생각하면 전혀 부담 없는 가격이다. 아이들의 교육을 위해 그 정도 투자는 아깝지 않을 것이라고 생각한다. 이상 소개한 유튜브의 기능만 잘 활용해도 우리 아이들에게 안전하고 유익한 영어 노출 환경을 만들어 줄 수 있다.

우리 아이를 위한 넷플릭스 가이드

추천 넷플릭스 콘텐츠

영어를 처음 접하는 아이의 경우 유튜브의 '슈퍼심플송'이나 '코코멜론' 같은 짧은 노래 위주의 영상으로 시작할 수 있다. 어느 정도 익숙해지면 '페파피그'나 '까이유' 같은 짧은 애니메이션 노출도 좋은 방법이다. 하지만 유튜브 콘텐츠의 단점은 영상의 길이가 짧고 애니메이션의 종류가 다양하지 않다는 것이다. 현서도 6살까지는 유튜브를 주로 이용했지만, 7살부터는 넷플릭스의 TV용 애니메이션 시리즈나 디즈니 영화를 보는 시간이 크게 늘었다. 노래를 들으면서 영어가 어느 정도 익숙해졌고 기본 단어나 표현도 모두 이해할 수 있는 아이라면 TV 애니메이션이나 디즈니 영화를 반복해서 보는 것을 시작할 시기이다. 유튜브는 TV 시리즈를 보려고 할 때 시즌, 에피소드별로 순서대로 볼 수 있도록 되어 있지 않아서 불편한데, 긴 스토리의 시리즈 영상이나 장편 영화는 넷플릭스가 유튜브보다는 보기 편하다. 넷플릭스에서만 누릴 수 있는 몇 가지 장점을 소개한다.

더빙판 / 자막판 쌍둥이 영상 활용

첫 번째는 대부분의 콘텐츠를 쌍둥이 영상처럼 시청할 수 있다는 것이다. 책처럼 영화도 한국어 더빙판과 자막판을 번갈아 보면 도움이 된다. 가정용 IP TV나 구글 플레이에서 영화를 구매하려고 하면 더빙판, 자막판을 별도로 구매해야 한다. 하지만 넷플릭스에서는 더빙판과 자막판을 모두 제공한다. 자막도 한글 자막, 영문 자막 모두 포함되어 있다. 가장 이상적인 것은 자막 없이 영어로 듣는 것이지만 아이들이 어려워하면 영문 자막을 넣고 보는 것도 괜찮다. 이것도 어려워하면 가끔은 한글 자막을 넣고 보는 것도 좋다. 아직 한글을 못 읽는 아이라면 우리말 더빙판으로 보여 주고 전체 내용을 이해하면 영어로 보여 줘도 된다. 다음은 현서가 넷플릭스에서 봤던 TV 애니메이션 시리즈와 영화들이다. (넷플릭스의 콘텐츠는 공급 계약 기간이 달라 어느 날 소리 소문 없이 사라질 수도 있다.)

추천 넷플릭스 인기 TV 애니메이션 시리즈 & 영화

〈드래곤 길들이기〉

〈몬스터 호텔〉

〈옥토넛〉

〈레이디버그〉

〈마이 리틀 포니〉

〈페파피그〉

〈신기한 스쿨버스〉

〈맥스앤루비〉

넷플릭스 오리지널 콘텐츠

두 번째는 넷플릭스에서만 제공하는 오리지널 콘텐츠가 있다는 것이다. 넷플릭스는 원래 비디오, DVD 대여점이었다. 조그맣게 시작한 넷플릭스가 지금처럼 글로벌 공룡 기업으로 성장할 수 있었던 것은 사람들이 어떤 영화를 좋아하는지 빅데이터를 분석해 이에 기반해 서비스를 재편했기 때문이다. 이 빅데이터 분석을 바탕으로 넷플릭스에서 직접 제작을 하거나 독점 공급 계약을 맺은 콘텐츠가 많다. 케빈 스페이시 주연의 'House of Cards'가 이런 빅데이터 분석을 바탕으로 만들어진 최초의 넷플릭스 오리지널 시리즈 중 하나이다. 이 시리즈는 원래 영국 버전이 있었는데, 이를 리메이크할 때 가장 인기 있는 영화의 배우와 감독이 누구인지 빅데이터를 분석해 활용했다고 한다. 그만큼 넷플릭스 오리지널 콘텐츠들 중에는 흥미로운 것이 많다.

다음은 현서가 즐겨 보는 넷플릭스의 오리지널 콘텐츠이다. '힐다'는 영국 만화 원작의 TV 프로그램으로 상상력을 자극하는 이야기 등 아이들이 좋아할 만한 요소를 모두 갖추고 있다. 동물을 좋아하는 아이들에게는 '퍼피 아카데미'나 '별나라 동물들' 같은 프로그램을 강력 추천한다. 이 외에도 상당히 많은 콘텐츠가 있으니 아이의 취향에 맞는 것을 찾아보기 바란다.

추천 넷플릭스 오리지널 콘텐츠

〈힐다〉

〈베스트 탐정단〉

〈파티셰를 잡아라〉

〈꼴찌 마녀 밀드레드〉

〈별나라 동물들〉

〈작은 존재들〉

〈오드스쿼드〉

〈퍼피 아카데미〉

지브리 등 인기 애니메이션 영화

마지막으로 많은 분들이 모르는 넷플릭스의 장점 중 하나는 일본 애니메이션의 거장 미야자키 하야오 감독의 작품을 대부분 볼 수 있다는 것이다. 전부는 아니지만 영어, 한국어, 일본어 더빙판이 제공된다. 아이들이 좋아하는 '이웃집 토토로'나 '센과 치히로의 행방불명' 같은 작품을 영어로도 볼 수 있다는 것은 굉장히 큰 장점이다. 이런 영상들은 아이가 자라면서 수십 번 반복해서 보기에도 좋다. 영어가 익숙해지면 일본어로 보면서 일본어 노출을 시도해 보는 것도 좋다.

그 외에도 '쿵푸 팬더', '찰리와 초콜릿 공장', '슈렉', '실바니안 패밀리' 등 좋은 콘텐츠가 즐비하다. 우리 아이가 좋아하는 애니메이션 시리즈나 영화가 있다면 영어로 보여 주기 바란다.

사실 넷플릭스에는 엄마, 아빠가 좋아할 만한 콘텐츠들이 훨씬 많다. 이미 엄마, 아빠가 넷플릭스를 구독하여 밤새 영화나 드라마를 보는 분들도 꽤 있으리라 생각한다. 이제는 여기에 소개한 방법으로 아이들의 영어 교육을 위해서도 활용해 보기 바란다. 온 가족이 이 방법으로 즐겁게 영화도 보고 영어 공부도 할 수 있을 것이다.

추천 지브리 애니메이션

〈센과 치히로의 행방불명〉

〈이웃집 토토로〉

〈마녀 배달부 키키〉

〈고양이의 보은〉

〈하울의 움직이는 성〉

〈바람계곡의 나우시카〉

〈천공의 성 라퓨타〉

〈벼랑 위의 포뇨〉

아이들에게 미디어로
영어 노출을 하는 경우를 생각해 보자.
미디어, 영상이라는 매체가
책이나 오디오에 비하면 분명히 자극적이어서
아이에게 끼칠 부정적인 영향을 생각하면 두려워진다.

．
．
．

4장

현서는 영어를 이렇게 했어요

미디어 노출, 막는 것이 최선일까?

영어 노출이 목적

아이들에게 미디어로 영어 노출을 하는 경우를 생각해 보자. 미디어, 영상이라는 매체가 책이나 오디오에 비하면 분명히 자극적이어서 아이에게 끼칠 부정적인 영향을 생각하면 두려워진다. 부모라면 누구나 미디어 노출은 최대한 늦게 시키려고 하고 우리도 예외는 아니었다. 현서네는 집에서 TV를 전혀 보지 않는다. 현서를 낳기 전에는 예능 프로 한두 개와 저녁 뉴스 정도는 봤지만 현서가 좀 자란 후로는 TV 방송은 하나도 보지 않는다. 그래서 현서는 우리나라 TV 애니메이션이나, 예능, 인기 아이돌을 잘 모른다. 교육을 목적으로 보여 줬던 어린이용 애니메이션이 전부다.

하지만 유튜브나 넷플릭스의 경우, 영어 노출 환경을 만들어 주기에 이보다 더 좋은 매체는 없다고 생각해 적극적으로 활용했다. 물론 영어 그림책을 꾸준히 읽어 주는 것도 좋은 방법이다. 우리말이 어느 정도 되고, 영상을 통해 영어 노출을 어느 정도 하고 나서는 영어 책도 읽어 주긴 했다. 하지만 가장 많은 시간 영어 노출을 했던 매체는 미디어, 영상이었다. 집에서 엄마, 아빠가 영어로 말하며 자연스럽게 노출해 주면 좋겠지만 우리는 그럴 만한 환경이 아니었고, 자연스럽게 영상이 이를 대체해 준 것이다.

아무 영상이나 마구잡이로 무분별하게 아이 혼자 보도록 방치하라는 것이 아니다. 아이들을 위해 제작된 교육적인 영상들 중 우리 아이가 좋아할 만한 영상들을 엄선해 규칙을 정해 보여 주면 된다. 유튜브에는 정말 무료라고 하기에는 말도 안 될 정도로 훌륭한 영상들이 즐비하다. 원고부터 교육 전문가들이 참여해 기획되고 영상의 퀄리티 또한 너무 좋다. 이들 중 분명 우리 아이가 사랑에 빠질 만큼 재미있는 영상들이 있다. 이런 영상들로 집에서 영미권 국가에 있는 것과 같은 영어 노출 환경을 만들어 주는 것이다.

4살 때부터 영상으로 영어 노출을 한 현서는 지금도 웬만한 영화는 자막 없이 본다. 정말 중요한 것은 다 알아듣지 못해도 불편해하지 않고 계속 본다는 것이다. 사실 이러기가 쉽지 않다. 나만 해도 영화를 보면서 대사 하나만 놓쳐도 되감기를 해서 다시 들어야 직성이 풀린다. 엄마들도 비슷한 경험을 했을 것이다. 중고등학교 때 영어 리스닝 시험을 보거나 대학생, 성인이 되어 토익 리스닝 시험을 볼 때 또는 혼자 CNN 뉴스나 미드, 할리우드 영화를 보면서 영어 공부를 할 때 누구나 하는 경험이 있다. 잘 듣다가도 모르는 단어가 나오면 순간적으로 귀와 뇌를 일시정지시킨 것처럼 그 단어에 온 신경이 꽂혀 그 뒤에는 무슨 소리가 났는지 새까맣게 잊고, 이로 인해 스스로 패닉에 빠져 그 문제를 통째로 날리는 경험 말이다. 대부분의 한국 사람들이 이러는 이유는 영어를 배우면서 직독직해를 했기 때문이다. 새로운 영어 지문을 배우기 위해 먼저 지문에 나오는 어려운 단어들을 공부한다. 그리고 지문을 읽으며 한 단어씩 해석을 하는 것에 익숙해져 있다. 이런 습관 덕분에 영어 듣기를 할 때 모르는 단어가 나오면 그 뜻을 떠올리기 위해 뇌가 멈춰 버린다.

다행히 현서는 처음 영어 노출을 시켜 줄 때부터 학습이라고 할 만한 것은 전혀 하지 않았다. 그저 노래를 듣고 율동을 하며 따라 부르도록 두었다. 발음을 고쳐 주거나 뜻을 물어본 적도 없다. 물론 현서가 이해가 되지 않거나 궁금해서 먼저 물어보는 경우는 가르쳐 주지만, 그렇지 않은 경우에는 먼저 가르쳐 주지 않았다. 영어 그림책이나 리더스를 읽어 줄 때도 마찬가지였다. 어떤 부모라도 한 페이지를 읽어 주고 나면 우리말로 해석해 주고 싶은 강한 충동을 느낀다. 나도 해 보니 처음엔 그랬다. 애써 시간을 내서 읽어 주는데 아이가 이해도 못하면 시간 낭비를 하는 것은 아닌가 하는 의문이 든다. 그런데 절대 그렇지 않다. 아이가 엄마나 아빠가 읽어 주는 영어 그림책을 듣고 있으면서 다음 장을 넘기려 한다는 것은 모든 내용을 이해했고 다음 내용이 궁금하기 때문이다. 모르는 것은 나름대로 상상력을 동원해 메꾸고 추리, 추론을 하면서 뇌는 더 좋은 자극을 받게 된다. 엄마, 아빠가 바로 해석을 해 주면 아이에게서 상상하고 생각하며 뇌를 발달시킬 수 있는 기회를 빼앗아 버리는 것이 된다. 그러니 영상을 보든, 영어 그림책을 읽어 주든 절대 바로 그 뜻을 해석해서는 안 된다. 아이가 궁금해하면 반대로 아이의 생각을 묻고, 스스로 생각해 보도록 하고, 스스로 답을 찾도록 계속 질문으로 호기심을 자극시켜 주는 것이 훨씬 효과적인 방법이다.

✱ 못 알아들어도 계속 보는 것이 최고

1. 영어 노출 환경을 만들기에 영상보다 좋은 수단은 없다.
2. 내용을 100% 이해하지 않아도 된다.
3. 아이가 영상을 즐기도록 그냥 두어라.

영상 보여 주는 팁

루틴으로 만들기

영상을 통해 영어 노출을 시킨다고 할 때 도움이 되는 팁을 알려 드리려 한다. 무엇보다 중요한 것은 꾸준히 해야 한다는 것이다. 오랜 기간 꾸준히 하려면 영상 노출이 매일 하는 의식이 되어야 한다. 엄마나 아이 모두에게 습관이 되어야 하는 것이다. 그러려면 매일 같은 시간에 하는 루틴으로 만들어야 한다. 아이들이 아침에 일어나면 세수하고 밥 먹고, 양치질하고, 옷을 입고 학교에 가듯이 말이다.

언제가 가장 좋을지는 각 가정의 환경에 따라 다르지만, 이른 아침과 자기 전 시간은 피하는 것이 좋다. 이때는 영상보다 책 읽기를 하는 것이 훨씬 효과적이다. 현서는 주로 오후 시간을 이용했다. 엄마가 집안일을 하는 동안 영상을 보여 주는 것도 좋은 방법이다. 차를 타고 이동을 할 때, 외식을 하면서 아이에게 어쩔 수 없이 스마트폰을 쥐어 줘야 할 때도 이왕이면 영어 영상을 보여 주면 좋다. 중요한 것은 아이가 일정 시간이 되면 영상을 보려고 준비할 정도로 습관이 되어야 한다는 것이다.

보기 전에 시간 정하기

영상이란 매체가 자극이 강하다 보니, 아이들뿐 아니라 어른들도 쉽게 중독이 되어 한 번 보기 시작하면 중간에 끊기가 쉽지 않다. 현서도 초반에는 한참 영상에 집중해서 보고 있을 때 그만 보자고 하면 난리가 났었다. 지금도 약속을 미리 하지 않으면 하루 종일도 볼 기세다. 그래서 항상 보기 전에 언제까지 볼지 시간을 먼저 정한다. 10~15분짜리 애니메이션이라면 몇 편을 볼지를 정하기도 한다. 그리고 10분 전, 5분 전에 미리 알려 주어서 현서가 마음의 준비를 하도록 해 준다. 시간이 되면 아쉬워하면서도 스스로 끄고 다른 할 것을 찾는다. 앞에서 알려 준 유튜브의 '시청 시간 중단 알림' 기능은 이를 위한 보조 수단일 뿐이다. 정말 중요한 것은 아이와 이런 규칙을 정하고 스스로 지킬 수 있는 힘을 길러 주는 것이다. 물론 유아기 때부터 곧바로 잘 되지는 않겠지만 엄마, 아빠와 약속을 하고 이를 지키는 것이 중요하다는 인식을 계속 심어 주면 좋다.

현서네는 하루 1시간 정도 보여 줬고 앞서 소개한 도연이네는 3시간 정도 보여 줬다고 하니 우리 아이한테 얼마나 보여 줄지는 각 가정의 환경과 교육 철학에 맞게 정하면 될 듯하다.

같은 영상을 반복해서 보여 주기

책 읽기를 할 때 다독이 중요한지 정독이 중요한지, 영상을 보여 줄 때도 다양하게 보여 주는 것과 반복해서 보여 주는 것 중 어떤 것이 더 좋은지에 대한 질문이 많다. 아이의 나이와 영어 레벨에 따라 방법은 달라질 수 있다. 하지만 이제 영어를 시작하는 유아기의 아이라면 가능하면 반복해서 보여 주는 것이 맞다고 생각한다. 초등학교만 들어가도 같은 영상 보는 것을 시시해하고 지루해한다. 이미 안다고 생각하고 다시 보는 것보다 새로운 것을 보는 데 더 흥미를 느낀다. 하지만 유아기 아이들은 그렇지 않다. 반복해서 보는 것을 꺼리지 않고 오히려 더 좋아한다. 그러니 이때 같은 것을 반복해서 보여 주면서 그 영상에 나온 단어와 표현들을 완전 마스터하도록 해 주는 것이 훨씬 효과적이다.

학교나 학원에서 정해진 커리큘럼에 따라 진도를 나갈 때도 마찬가지이다. 교재로 수업을 한다고 해서 그 내용들을 모두 이해하고 말할 수 있는 것이 아니다. 우리 어른들도 그렇지 않은가? 누구나 최소 중고등학교 6년 동안 영어를 배웠지만 제대로 듣고 말하기를 할 수 있는 사람은 많지 않다. 차라리 6년 동안 중학교 1학년 책하나만 달달 외우고 듣고 거기 있는 표현만 제대로 말할 수 있도록 했다면 지금보다 영어 실력이 훨씬 나았을 것이다.

어릴수록 다양하게 많은 영상을 보여 주는 것보다 하나의 영상이라도 완전히 알 때까지 반복해서 보여 주는 것을 권한다. 노래 영상이라면 다 따라 부를 수 있을 때까지, 애니메이션이나 영화라면 불편 없이 다 보고, 최소한 몇 문장이라도 따라 말할 수 있을 때까지를 말하는 것이다. 물론 이것도 아이의 성향에 맞추는 것이 더 중요하다. 무조건 반복해서 보는 것이 중요하니 내 아이한테도 그렇게 해야 한다고 강요하는 일은 없어야겠다. 우선은 아이가 원하는 대로 즐길 수 있도록 해 주는 것이 더 중요하기 때문이다. 아이가 반복해서 보지 않으려는 이유는 재미가 없거나 어려워서 그런 것일 수도 있다. 이럴 때는 당연히 다양한 영상을 보여 주면서 아이가 반복해서 또 보고 싶다는 영상을 찾아 주면 된다.

온전히 즐길 수 있도록 학습은 별도로

아이에게 영어 영상을 보여 준 후 보통의 엄마라면 누구나 새로운 욕심이 생긴다. 영상에 나온 단어는 학습을 시켜서라도 다 알게 해 주고 싶은 마음에 조금이라도 더 하려고 한다. 플래시카드도 만들어 보고, 워크시트도 다운로드하여 인쇄해서 아이와 놀이를 가장한 학습을 해 보고 싶은 충동을 느낀다. 하지만 희한하게도 아이들은 이런 엄마의 흑심을 알아차린다. 처음엔 아이도 엄마의 노력이 고마워서 재미있게 놀아 보려고 한다. 하지만 엄마가 영어를 가르치겠다는 목표가 생기는 순간 놀이가 놀이에서 그치지 않는 경우가 많다. 그러면 아이는 더 이상 영어를 놀이로 받아들이지 않고 학습으로 느끼게 된다. 영상을 본 후 뒤따라오는 학습이 있다는 것을 알게 되는 순간 재미있는 영상을 보는 것도 거부하게 될 수 있다.

현서는 영상 인풋을 하는 3년 동안 아무런 학습을 하지 않았다. 온전히 재미있는 영상을 영어로 보는 순간을 즐길 수 있도록 해 주었다. 하지만 아이 영어 노출 시작이 너무 늦어 학습을 같이 해야 한다고 생각되면 학습은 영어 영상을 보여 주는 것과는 완전히 별개로 인식시켜야 한다. 영상을 보고 바로 영어 학습을 하지 말고 다른 과목 학습을 한 후에 하고, 내용도 다른 것으로 다른 교재로 하면 좋다. 아이가 영어 영상 보는 시간을 온전히 즐길 수 있게 해 주는 것이 정말 중요하다.

관련된 것들에 자주 노출시켜 주기

현서가 가장 많은 시간 본 영어 영상 중 하나가 '마이 리틀 포니(My Little Pony)'이다. 더 어릴 때는 '시크릿 쥬쥬'를 좋아했다. 이때는 이와 관련된 스티커북, 색칠 공부, 장난감을 한창 좋아했다. 이렇게 좋아하는 캐릭터에 빠지다 보니 영어 영상도 더 몰입도 있게 보게 되었다.

우리가 여행을 갈 때를 생각해 보자. 유럽 어느 나라로 간다고 했을 때 아무런 준비 없이 패키지여행 상품을 끊고 그냥 따라만 갈 때와 내가 가고 싶은 곳을 정하고 거기에 관련된 역사, 문화, 미술은 물론 음식이나 관광 명소들을 직접 알아보고, 최근 예능 프로를 보며 연예인들이 다녀간 이야기들을 알면 그 여행의 의미와 가치가 몇 배는 커질 것이다. 아이들에게 영상을 보여 줄 때도 마찬가지다. 특정 TV 시리즈나 영화를 보기 전후에라도 이와 관련된 다양한 정보나 제품들을 통해 아이가 친밀도를 높일 수 있다면 영상을 볼 때 몰입도도 달라지고 거기에 나오는 단어와 상황에 대해 더 쉽게 이해하기에 훨씬 재미있게 볼 수 있다. 부모가 할 수 있는 역할은 이런 것이다. 우리 아이가 좋아하는 것을 어떻게 영어 학습과 연결을 시켜서 아이가 더 즐길 수 있게 해 줄까 하는 고민. 부모 아니면 누가 또 해 줄 수 있겠는가?

보상으로 활용하기

이쯤 되면 아이들은 정말 영어 영상 보는 시간이 가장 기다려지는 순간이 되기도 한다. 현서한테는 특히 그랬다. 영악해진 엄마, 아빠는 또 이것을 이용했다. 현서가 다른 할 일을 얼마나 잘하느냐에 따라 영상을 보는 시간이 조금씩 달라지도록 했다. 특히 현서는 밥 먹는 시간이 너무나 오래 걸린다. 그래서 밥 먹고 영상 보는 시간을 묶어 버린 적이 있었다. 사실 처음 몇 번 효과를 보이고 나중에는 큰 변화는 없었지만, 그리 나쁜 방법은 아니다.

특히 이 방법은 아이들이 자막판을 보려고 할 때 유용하게 활용할 수 있다. 한글 자막을 켜고 영상을 보는 것은 거의 학습 효과가 없다고 보는 것이 맞다. 하지만 아이들이 보고 싶은데 아직 다 알아듣지 못하는 경우, 처음 몇 번은 한글 자막을 켜거나 한국어 더빙판을 보며 내용을 이해하도록 하는 것이 필요하다. 왜냐하면 우선 영상에 흥미를 가져야 하기 때문이다. 그리고 다음부터는 한글 자막이나 한국어 더빙판을 보기 위해서는 영어로 된 영상을 보도록 하는 것이다. 처음에는 영어 영상의 대부분의 대사를 유추해서 이해하겠지만 이렇게 여러 번 반복하다 보면 영어 영상으로만 봐도 대부분의 대사를 듣고 이해하게 될 것이다.

큰 화면으로 보여 주기 (미러링, 캐스팅 활용)

아이들이 작은 스마트폰 화면으로 장시간 영상을 보는 모습을 좋아할 부모는 없을 것이다. 현서도 스마트폰으로 유튜브를 보는 경우는 거의 없다. 외출 중에는 태블릿을 활용하고 집에서는 항상 TV를 이용한다. 우리 집 같은 경우 공중파나 케이블 방송을 전혀 보지 않다 보니 TV는 현서가 유튜브나 넷플릭스로 영어 영상을 볼 때, 엄마, 아빠와 같이 영화를 볼 때 아니면 사용하지 않는다. 우리 집에 있는 스마트 TV의 경우, TV 자체에 유튜브와 넷플릭스 앱이 모두 있어 TV로 보여 주고 있다.

스마트 TV가 아니라면 스마트폰의 화면을 TV에서 볼 수 있도록 해 주는 동글이라는 기계만 있으면 가능하다. 포털 사이트에서 '무선 동글이'라고 검색하면 다양한 동글이가 검색된다. 가격도 2~6만원까지 다양하다. 스마트폰의 화면을 무선으로 TV로 송출하는 방식은 '미러링'과 '캐스팅' 두 가지 방식이 있다. 미러링은 스마트폰의 화면 그대로를 TV로 송출해서 두 기계에서 똑같은 화면이 나온다. 하지만 캐스팅은 특정 앱을 스마트폰에서 실행했을 때 영상 등의 화면만 TV에서 나온다. 유튜브나 넷플릭스 같은 영상 앱을 실행했을 때 그렇다. 이것의 장점은 영상을 틀어 놓고 스마트폰으로는 다른 것을 할 수 있다는 것이다. 개인적으로는 크롬캐스트를 추천하지만 가격에 따라 적당한 제품을 구매하면 된다.

아이가 좋아하는 영상 찾기

취향 저격 영상만 찾아도 반은 성공

우리 아이는 영어 동화책이나 영상을 거부한다며 어려움을 토로하는 엄마들이 많다. 여러 가지 이유가 있을 수 있겠지만 가장 큰 이유 중 하나는 그 책이나 영상이 재미가 없기 때문일 것이다. 엄마가 찾아 주는 책이나 영상은 전문가가 추천한 교육적인 것일 가능성이 높다. 이런 경우 우리 아이한테는 재미가 없을 수도 있다. 입장을 바꿔 놓고 생각을 해 보자. 엄마가 중국어를 배우기로 결심을 했다. 보통은 학원에 가서 성조나 기본 회화부터 배우기 시작할 것이다. 학원에서 쓰는 교재들은 굉장히 체계적으로 기획되고 교육적으로 쓰여진다. 그래서 재미가 없을 가능성이 매우 높다. 어른들은 본인의 배우겠다는 의지로 시작했기 때문에 약간은 지루하고 재미없어도 참고 배운다. 공부는 당연히 힘들게 해야 하는 것이라는 생각도 있다. 그런데 중국어 공부도 내가 좋아하는 드라마나 예능 프로그램 또는 영화를 보면서 배울 수 있다고 해 보자. 아니면 평소에 내가 관심이 있던 분야를 주제로 꼭 필요한 표현부터 가르쳐 주는 학원이나 콘텐츠가 있다고 생각해 보자. 어떤 선택을 하겠는가?

반면 아이들은 영어를 배우겠다는 동기가 전혀 없다. 그저 엄마가 해야 한다고 시켰고, 그래야 엄마가 좋아하고 칭찬을 받을 수 있다는 것이 가장 큰 동기일 것이다. 재미가 없으면 집중을 못하고 거부하는 것이 너무나 당연하다. 모든 전문가나 엄마들이 좋다고 하고 다른 모든 아이들이 재미있다고 하는 책이나 영상 콘텐츠도 우리 아이에게는 재미가 없을 수 있다. 아이들은 무엇보다 재미가 있어야 한다. 아이가 좋아할 만한 영상이 나올 때까지 3장에서 추천한 채널의 영상들을 하나씩 보여 줄 것을 추천한다.

아이와 함께 장난감이나 책가방, 학용품을 사러 대형 마트에 갔던 기억을 되살려 보자. 어떤 제품이냐에 따라, 개인의 형편에 따라 다르겠지만 엄마들이 우선 보는 것은 업체의 브랜드와 디자인, 품질 그리고 가격 순일 것이다. 맘에 드는 제품을 발견하면 제품이 용도에 맞게 잘 만들어졌는지도 꼼꼼하게 살펴보고 인터넷에서 후기를 찾아보기도 한다. 굉장히 이성적이고 합리적인 방법으로 제품을 선택하는 똑똑한 소비 방법이다. 그런데 아이들은 어떤 제품을 선택하나? 엄마가 그렇게 까다롭게 골라 준 제품이 아무리 좋다고 설명을 해도 바로 옆에 자기가 좋아하는 캐릭터 그림이 박힌 제품을 선택한다. 한 발도 물러설 생각이 없이 반드시 그 제품을 사야 하는 것이 아이들이다. 아이 눈에는 처음부터 그 제품 말고는 눈에 들어오지 않았을 것이다. 이런 일로 속상할 때도 있었겠지만 이를 잘 이용하면 아주 좋은 기회가 되기도 한다.

아이가 이렇게 좋아하는 캐릭터가 나오는 영상을 영어로 보여 주면 된다. 아이가 좋아한다고 해서 무조건 보여 주는 것이 능사는 아니다. 한국 애니메이션의 영어 더빙판은 영어를 막 시작한 아이들에게는 이해하기가 너무 어려워 큰 효과가 없을 수 있다. 이럴 때는 수준에 맞는 다른 영상도 같이 보여 주면 좋다. 그러면 자기가 좋아하는 어려운 영상을 처음에는 거의 이해하지 못하지만, 아는 단어나 표현이 하나씩 들리기 시작하면 아이 스스로도 성취감을 느낄 수 있어 학습 효과가 커진다. 좋아하는 것을 최대한 활용하되 아이가 너무 어려워 좌절감을 갖지 않도록 도와줘야 한다.

주변에 어릴 때 일본 애니메이션이나 게임을 좋아하게 되어서 일본어를 잘하게 된 친구 한둘쯤은 있을 것이다. 한국의 드라마나

K-pop으로 인해 전 세계 한류 문화가 인기를 끌면서 한국어를 배우는 외국인들의 수도 급증했다는 소식도 듣게 된다. 이들 중 상당수가 책이나 노래, 영상 등의 콘텐츠를 소비하면서 질리도록 반복해서 보다가 언어도 자연스럽게 익히게 되었을 것이다. 이처럼 아이가 좋아하는 캐릭터나 영상을 찾아 재미있게 꾸준히 보여 주는 것이 엄마가 가장 먼저 해야 할 일 중 하나이다.

특정 캐릭터가 아니어도 아이마다 관심 분야가 있을 수도 있다. 그림 그리기나, 종이 접기 또는 공작을 좋아하는 아이, 자동차나 기차, 로봇, 공룡 등을 좋아하는 아이, 동물이나 과학 관련 다큐멘터리 형식의 영상을 좋아하는 아이, 현서처럼 장난감 언박싱하는 유튜버를 흉내 내고 싶은 아이, 모두가 각자 좋아하는 분야 하나쯤은 있을 것이다. 이를 가장 잘 아는 사람은 엄마이고 엄마가 아이의 취향에 맞는 영상을 찾아 주면 된다. 조금은 비교육적이어도 좋다. 아이에게 영어 노출을 시켜 주는 것을 목적으로 정말 즐겁게 볼 수 있는 영상을 찾아 주면 된다.

다음은 한국 방송에서 인기 있는 캐릭터 중, 유튜브에서 영어 더빙 영상을 제공하는 채널들이다.

채널명	구독자 수	영상 수
타요타요	627만	2,269
로보카 폴리	410만	1,755
레이디버그	365만	565
뽀로로	167만	1,660
슈퍼윙스	132만	273
콩순이	74만	499
터닝메카드	53만	405
또봇	36만	375
로봇 트레인	58만	640
메탈리온	9만	85

채널 바로 가기

영상 본 후 활동

현서는 영상을 보고 나서도 별다른 활동을 하지 않았다. 대신 현서가 좋아했던 캐릭터들을 더 좋아할 수 있도록 장난감을 사 주긴 했다. 현서네는 학습을 하는 것보다 좋아하는 캐릭터를 영상만이 아니라 다른 방법으로 자주 접하며 익숙해지는 것이 더 좋다고 생각했기 때문이다. 그리고 그 당시에는 이런 유명 채널들의 홈페이지에서 무료 학습 자료, 워크시트를 제공한다는 것을 알지 못했다.

아래는 각 캐릭터별 학습 자료(Resource)를 제공하는 홈페이지의 링크이다. 플래시카드, 워크시트, 색칠 놀이, 노래 가사, 공작놀이 등 인쇄해서 쓸 수 있는 다양한 자료를 무료로 다운로드받을 수 있다. 몇몇 홈페이지에서는 온라인 학습 액티비티도 무료로 제공한다. 직접 방문해서 필요한 자료를 다운로드하여 활용해 보기 바란다. 여기에는 없지만 필요한 자료는 모두 검색해서 구할 수 있다. 구글에서 '해당 캐릭터명 + worksheet'로 검색하면 된다.

캐릭터	주요 내용
Super Simple Songs	플래시카드, 색칠 공부, 노래 가사, 워크시트
Little Baby Bum	워드 서치, 색칠 공부, 노래 가사, 종이공작
Peppa Pig	색칠 공부, 워크시트, 온라인 게임, 동영상
Sesame Street	색칠 공부, 온라인 액티비티, 학습용 동영상
Mother Goose Club	종이 공작, 온라인 게임, 색칠 공부
National Geographic Kids	온라인 퀴즈, 슬라이드 쇼, 동물 영상
Fireman Sam	색칠 공부, 숨은그림찾기, 워크시트
Thomas and Friends	퍼즐, 색칠 공부, 캐릭터 모음집
Caillou	달력, 색칠 공부, 플래시카드, 퍼즐

채널 바로 가기

여기서 영어를 잘 못하는 엄마들을 위한 꿀 팁을 한 가지 알려 드리겠다. 위의 홈페이지들은 모두 영어로만 서비스를 한다. 구글 크롬이나 네이버 웨일 웹브라우저의 자동 번역 기능을 사용하면 영어가 모두 한글로 번역되어 나온다. 아직 번역이 완벽하지는 않지만 쓰기에는 전혀 불편함이 없다. 방법은 간단하다. 영문 크롬이나 웨일 브라우저를 이용해 홈페이지를 방문하면 아래와 같이 구글 번역이나 파파고 번역을 이용해 해당 페이지를 한국어로 번역할 것인지 물어본다. 여기서 선택만 하면 된다. 혹시 이 메뉴가 나오지 않는다면, 해당 페이지에서 마우스 오른쪽 버튼을 클릭하면 메뉴가 나오고 그중에 '번역하기'를 선택하면 아래 그림처럼 한국어로 번역이 되어 나온다. 이 기능은 잘 활용하면 웬만한 외국어 홈페이지도 불편 없이 이용할 수 있다.

구글 크롬의 자동 번역 기능

초등 고학년의 경우는 어떻게 해요?

현서네 방법은 영어 노출을 최대화하여 모국어처럼 영어를 체득하는 방법이라 모국어가 아직 완벽하지 않은 아이들에게 최적화된 방법이다. 초등 고학년 자녀를 둔 부모님들 중 너무 늦었다고 실망하거나 스스로 자책하는 분이 있다면 절대 그럴 필요가 없다. 유아기 때 시작하면 아이들이 외국어에 대한 거부감, 저항감이 없어 영어 체득이 비교적 쉽게 되는 것일 뿐, 늦게 시작한다고 해서 불가능한 것이 아니기 때문이다. 영어 노출량이 중요한 것은 어린 학습자들에게만 적용되는 것도 아니다. 모국어가 완전히 자리 잡은 고학년 아이들이나 어른의 경우도 영어 환경에 노출되는 시간과 영어 말하기 실력은 여전히 비례한다. 다만 공부하듯이 학습한 영어 단어나 문법 같은 지식이 해가 될 수도 있고 득이 될 수도 있기 때문에 적절한 학습 방법을 찾기만 하면 된다.

모국어가 완전해진 아이들이나 어른들은 영어를 들어도 어린 아이들처럼 그대로 받아들이지 못한다. 왜 그렇게 되는지 먼저 이해를 하려 들기 때문이다. 그래서 모국어와 비교해 어떻게 다른지에 대해, 모국어로 해석할 때는 어떻게 해야 하는지 설명해 주어야 겨우 받아들이게 된다. 그리고 이때부터는 엄마표로 혼자 하지 못하고 자꾸 친구들과 비교를 하게 되는 것이 큰 장애 중 하나이다. 왜냐하면 더 이상 자기만의 속도로 할 수 없기 때문이다. 친구들보다 뒤처지게 되면 영어를 못하게 되고, 못하면 자신감이 떨어지게 되고, 자신감이 떨어지면 영어 공부를 할 의욕도 잃어 결국은 영어를 싫어하고 포기하게 된다. 그렇기 때문에 영어를 늦게 시작한 친구들에게는 영어 노출과 함께 적당량의 학습이 필요하다. 이런 학습을 통해 자신감도 쌓고 영어 학습의 효율도 더 높일 수 있다. 다만 학습을 하면서도 영어 노출은 꾸준히 해 주어야 영어 점수는 높지만 말을 못하게 되는 불상사가 생기지 않는다.

이때 영어 학습 방법은 어떤 것이든 좋다. 아이 수준과 성향에 맞는 영어 학원을 다녀도 좋고, 학습지를 해도 좋고, 온라인 학습을 해도 좋다. 적어도 학교에서 하는 영어 시험에서 스스로 만족할 만한 점수를 받을 정도의 학습은 필요하겠다. 딱 두 가지만 주의하면 좋겠다. 첫째는 아이가 영어에 질릴 정도로 너무 어렵거나 재미없는 학습을 많이 시키는 것이다. 특히 문법은 가능한 한 늦게 하기를 권한다. 문법을 먼저 배우면 학교에서 보는 시험에서 좋은 점수를 받는 데는 도움이 될지도 모르지만, 말하기를 할 때는 문법을 아는 것이 오히려 큰 장애가 된다. 여기서 내가 영어를 배운 방법을 잠깐 소개하는 것이 좋겠다.

영어 교육 업계에 종사하고 있는 나는 회사에서도 원어민들과 회의를 하고 영어로 PT를 할 수 있을 정도로 자유롭게 영어를 구사한다. 영국에서 석사를 하면서 영어 수업을 듣고 토론을 하고,

학술지의 보고서나 연구 자료를 읽고 수업 준비를 하면서도 영어가 늘었다. 그런데 영어를 정말 잘하게 된 것은 23살에 카투사에 입대하면서부터이다. 그 전까지는 영어를 정말 한마디도 못했다. 카투사에 지원하기 위해 TOEIC 시험공부를 하기도 했지만 군에 입대하기 전까지는 회화 실력이 거의 제로에 가까웠다. 하지만 제대를 할 때는 다른 동기들에 비해 영어 말하기 실력이 상당히 많이 향상된 케이스였다.

가장 큰 이유 중 하나가 중고등학교 때 문법 공부는 거의 하지 않기 때문이라고 생각한다. 입시 제도가 수능으로 바뀌면서 대부분 지문을 읽고 답을 찾는 문제가 많았고, 문법 문제는 몇 개 되지 않았다. 당시 나는 글 읽는 것이 재미있어서 영어 지문을 읽고 답을 찾는 문제는 즐기면서 상당히 많이 풀었다. 일일이 독해를 하지도 않았다. 문법을 모른 채로 군 생활에서 자주 쓰는 표현들은 통째로 외우면서 바로바로 사용한 것이 훨씬 효율적인 방법이었다. 문법을 알았다면 오히려 말할 때마다 머릿속으로 정확한 표현을 찾느라 말할 타이밍을 매번 놓치고 입을 닫아 버렸을 것이다. 그래서 현서한테도 문법은 가르치지도 않았고 지적을 하지도 않았다. 지금도 많이 틀리지만 때가 되면 스스로 고칠 거라 믿는다.

초등학교 3학년이 넘어서 영어를 시작하는 친구들에게 마지노선은 영어를 싫어하지 않게 하는 것이다. 영어 공부가 재미있지 않다면 내가 남보다 못한다고 생각하는 순간 포기할 가능성이 높다. 남보다 못한다고 생각해도, 영어로 영상을 보거나 자기가 좋아하는 것을 영어로 말할 수 있다면 느리지만 포기하지 않을 것이다. 자신감을 잃지 않을 정도로 학습은 하되, 영어 학습을 하는 시간만큼 꼭 노출도 필요하다. 영어 영상을 보는 것도 좋고 호두잉글리시 같은 게임 형식의 학습 콘텐츠도 좋다. 학습으로 느끼지 않고 재미있게 영어 노출 환경을 만들어 주는 것은 꾸준히 해야 한다.

지인들 중에 어릴 때 미국으로 이민을 가서 살다 다시 한국으로 돌아온 분들이 있다. 그중에는 중학교 2학년 때 이민을 가서 지금은 한국어보다 영어가 편하다고 하는 분이 여럿 있다. 15살에 시작해도 충분하게 영어 환경에 노출되면 영어를 원어민처럼 할 수 있다는 말이다. 중요한 것은 고학년이 되어서도 얼마나 꾸준히 영어 노출을 시켜 주느냐 하는 것이다. 우리 아이들은 고학년이 될수록 점점 바빠진다. 학원 다니느라 시간을 내기가 너무 어렵다. 결국 엄마, 아빠가 더 중요하다고 생각하는 것에 시간을 보낼 수밖에 없다. 고학년이 되어서도 하루 학습 한 시간, 노출 한 시간 이상을 지켜 주면 언젠가는 분명히 영어를 유창하게 하게 될 것이다. 절대 늦은 것이 아니다. 현서 아빠도 20살 넘어서 입이 트였다. 자신감을 잃지 않도록, 영포자가 되지 않도록 하는 것이 가장 중요하다.

현서가 이용한 다른 앱

현서한테 유튜브의 무료 영상들로 영어 노출을 시키면 되겠다는 생각을 하게 된 것은 웅진빅박스 개발 기획을 맡으면서부터이다. 그 전에도 영어 영상 노출을 해 줄 생각은 하고 있었지만 DVD를 구매하는 것이 좋은 방법이라고 생각했었다. 그런데 회사에서 신사업 개발을 맡으면서 다양한 리서치를 하던 중 유튜브의 어마어마한 콘텐츠에 대해 알게 된 것이다. 그때가 2014년이라 아직 우리나라에서는 지금처럼 유튜브가 폭발적인 인기를 끌기 전 단계였다. '슈퍼심플송(Super Simple Songs)', '페파피그(Peppa Pig)', '까이유(Caillou)' 등 무료지만 너무나 훌륭한 영상들이 많았다. 그렇게 모은 1만여 편이 넘는 영상들을 학습자의 나이와 관심사에 맞게 추천, 큐레이션하여 영어 영상을 즐겁게 볼 수 있도록 해 주는 것이 웅진빅박스 앱이다.

추천된 영상을 본 후 선호도나 난이도를 아이가 직접 평가하면 그에 맞게 다음 영상이 추천된다. 영상의 스크립트를 분석해 어떤 단어들이 아이에게 노출되고 학습되는지 분석한다. 한 영상에서 가장 많이 나온 단어는 카드로 주어진다. 학습자들은 미리 선정된 필수 영어 단어 3,000개의 카드를 수집하며 다양한 게임과 활동을 할 수 있다.

구글에서 '3,000 English Vocabulary'라고 검색하면 유수의 출판사나 영어 교육 기관에서 제시하는, 의사소통에 자주 사용

빅박스로
이북 읽는 현서

▶영상 바로 보기

되는 필수 3,000단어 리스트들을 검색할 수 있다. 이 3,000단어만 알면 영어로 의사소통하는 데 전혀 문제가 없다. 실제로 디즈니의 영화도 분석해 보면 3,000단어가 되지 않는다. 이 3,000단어를 마스터하는 것이 학습 목표이다. 이를 달성하기 위해 영상을 보면 거기에 가장 많이 노출된 단어 카드가 주어지고, 더 자주 노출되면 퀴즈에 출제가 되고, 여러 번 반복해서 맞히면 카드가 업그레이드되면서 단어를 마스터하게 되는 것이다.

영상뿐만 아니라 레벨별 리더스도 수천 권이 들어 있다. 현서도 초기에 이 앱으로 유튜브 영상을 보고, 포함된 영어 리더스도 많이 읽었다. 무엇보다 유튜브를 볼 때 광고가 나오지 않는 점이 좋다.

리딩앤 ORT 퓨처팩

8살 9월부터는 리딩앤 ORT 퓨처팩을 구매해 체계적으로 영어 그림책을 읽기 시작했는데 그동안 몰랐던 유용한 표현들을 책으로 읽으며 정확한 영어로 배우는 계기가 되었다. 무엇보다 음가 단위로 분석해 주는 음성 인식 기능을 통해 발음이 많이 개선된 것이 의외의 수확이었다. 자기 발음을 신경 써서 듣고 고치려고 무던히 애를 썼다. 6살 때도 도서관에서 ORT 몇 권 빌려서 봤었는데 당시에는 재미없어하더니 8살이 되어서는 너무 재미있게 읽었다. 현서의 적정 레벨은 Stage 6인데 가장 쉬운 Stage 1부터 읽었고, 부담 없이 읽을 수 있는 쉬운 수준의 이야기여서 정확한 문장을 읽으며 잘못된 말하기 표현들을 스스로 잡았다. 보통은 아이의 적정 레벨부터 시작하겠지만, 현서는 말하기에 필요한 정확한 표현들을 스스로 습득했으면 하는 바람에 제일 낮은 단계부터 시작한 것이다. 굳이 어려운 레벨부터 해서 아이가 영어 책 읽기를 싫어하면 안 되기 때문에 그렇게 결정을 했다.

간혹 큰돈을 주고 샀다고 해서, 또는 남들 다 하는 좋은 책이라고 해서 억지로 시키는 우를 범하는 경우도 있는데, 그러다 평생 영어 거부자가 되면 큰일이다. 또 남의 눈을 의식해 지나치게 높은 레벨의 책을 읽거나 진도를 빨리 나가는 것도 장기적으로 봤을 때 아이한테는 좋지 못한 방법이다. 현재는 리딩앤 ORT 1년 이용을 마치고 논픽션 책도 많은 빅캣(Big Cat)으로 꾸준히 책 읽기를 하고 있다.

리딩앤으로 잠자리 독서하는 현서

▶ 영상 바로 보기

EPIC

Epic은 4만 권 이상의 책이 들어 있는 디지털 도서관으로 미국 학교의 94% 이상에서 2천만 명의 학생이 사용하고 있다고 한다. 아이의 나이와 관심사를 입력하면 아이에 맞는 책을 추천해 주고 꾸준히 책을 읽을 수 있도록 완독한 도서의 수, 독서 시간을 보여 주며 목표를 달성할 때마다 배지를 보상으로 수여하며 동기 부여를 한다.

우리나라처럼 영어를 외국어로 배우는 EFL(English as a Foreign Language) 환경의 학습자를 대상으로 만든 것이 아니다 보니 영어 레벨이 다소 높고, 내용이 이질적인 책들이 많아 아이에게 딱 맞는 책을 찾기는 생각보다 쉽지 않았다. 현서도 오랜 기간 사용하지는 않았지만, 영어 책에 목마른 친구들이 있다면 꼭 한번 이용해 보기 바란다.

EPIC으로 영어
그림 동화책 읽기

▶ 영상 바로 보기

힘든 엄마표 영어, 그래도 나 아니면 누가?

학교, 학원에서 절대 해 줄 수 없는 것

영어 교육 분야에서만 15년을 일했지만, 엄마표 영어에 본격적으로 관심을 가지게 된 것은 2019년부터였다. 현서가 태어나고 나서도 나는 엄마표 영어에 대해서는 거의 알지 못했다. 현서 엄마도 유명 맘카페들을 잠시 둘러보던 때가 있었지만, 적극적으로 정보를 찾아보거나 댓글을 다는 등의 활동은 하지 않았다. 그런데 현서가 영어를 하는 모습을 인스타그램에 올리고 엄마표 영어를 하는 엄마들 사이에 이슈가 되기 시작하면서부터 엄마들의 고민이 무엇인지 이전보다 더 관심을 가지고 지켜보게 되었다.

우리 집의 경우 학원을 보내지 않고 집에서 시키려고 했던 데는 경제적인 이유도 컸다. 하지만 더 큰 이유는 엄마, 아빠가 내 아이와 많은 시간을 보내며 정서적으로 교감을 하고, 그 과정에서 아이의 재능과 성향, 관심사 등을 알고 있어야 내 아이에게 최적화된 교육을 할 수 있다고 생각했기 때문이다. 여기에는 아이의 학습 성향과 학습 속도도 포함되어 있다.

나도 어학원에서 초등학생들에게 영어를 가르치는 일을 한 적이 있다. 원래 영어 선생님이 꿈이었기에 적성에도 잘 맞았고 정말 즐겁게 일을 했다. 그 어학원에서 한국인 강사는 나 혼자였고 나머지는 모두 원어민 선생님이었다. 원장님의 교육 철학도 영어를 공부하며 시험에서 좋은 점수를 얻는 것보다 어릴 때부터 영어와 친해지도록 원어민 선생님과 다양한 액티비티를 하며 최대한 영어학원에 오는 시간을 즐길 수 있도록 해 주자는 것이었다. 이때가 2005년, 당시만 해도 원어민을 직접 채용하는 학원은 많지 않아이 어학원은 지역의 엄마들 사이에서 누구나 보내고 싶어 하는 가장 유명한 학원이었다. 이런 좋은 학원이었음에도 문제가 있었다. 저학년에는 시간별로 7~8개의 반이 있었지만 4학년이 되면서부터 원생들이 빠지기 시작했고, 5~6학년은 한두 개의 반밖에 남지 않았다. 이유는 2~3년 동안 그렇게 회화 위주의 수업을 해도 효과를 보는 학생은 그리 많지 않았고 학교에서 보는 영어 시험에서는 기대만큼 좋은 성적을 내지 못했기 때문이다.

이런 학생들이 옮겨 간 학원은 당연히 초등 고학년과 중학생이 많이 다니는 입시 위주의 영어 보습 학원이었다. 입학 때부터 부모로부터 학생들을 체벌해도 괜찮다는 서약을 받는다는 소문이 난 학원이었다. 학생들에게는 매일 정해진 엄청난 양의 단어를 암기하도록 했다. 아이들에게 이렇게 강도 높게 공부시키는 것에 엄마들도 만족하였다. 눈에 보이는 성과가 바로 나오는 이 학원에 보내지 않을 이유가 없었을 것이다. 엄마들이 학원비를 내고 전문 기관에 맡길 때는 그에 맞는 결과를 기대하는데 즐겁게 영어를 배우는 것으로는 절대 단기간에 눈에 띄는 성과까지 내기 어렵다. 그런 좋은 교육 철학을 가진 원장님에 대한 강한 신뢰가 있지 않으면 즐겁게 영어를 배우는 학원에 2~3년씩 꾸준히 보내기란 쉽지 않다.

학원 교육 방식의 옳고 그름을 논하거나 우리나라 사교육의 문제점을 비판하려는 것이 아니다. 입시 때문에 학교 성적이 중요한 우리나라 환경에서 눈에 보이는 성과를 바라는 부모들의 마음을 이해하지 못하는 것이 아니기 때문이다. 어떤 부모든지 자신들만의 가치관이 있고 교육 철학이 있기에 나와 다르다고 해서 비판을 하거나 논쟁을 할 필요는 없다고 생각한다. 다만 당시 학원에서 아이들을 가르치며 느낀 것은 학원에서는 장기적인 성과만을 이야기해서는 살아남기 힘들고, 그러다 보니 짧은 기간에 결과를 내는 학습 위주로 할 수밖에 없게 된다는 것이다.

게다가 한 교실에 적게는 5~6명, 많게는 10명이 넘는 학생들을 가르치다 보면 모든 아이들의 수준과 성향, 학습 속도 등을 맞추는 것에는 한계가 있다. 학원 원장과 학부모의 교육 철학이 맞는다고 해도, 어떤 선생님을 만나느냐에 따라 달라지기도 한다. 학원에서는 이런 격차를 줄이기 위해 교재를 선택해 커리큘럼을 만들고 아이들의 나이, 수준을 감안해 가장 비슷한 아이들끼리 반을 만들어 운영을 하지만, 내 아이에게 딱 맞는 수업을 기대하는 것은 부모의 욕심일 수 있다. 직접 아이들을 가르치는 선생님 입장에서도 특정 학생이 더 예쁘다거나, 실력이 조금 부족하다는 이유로 그 친구를 특별 대우했다가는 형평성의 문제로 다른 엄마들에게 컴플레인을 받기도 한다. 즉, 내 아이에 맞는 개인화된 학습을 기대하기가 어렵다.

영어 영상 노출도 해 줄 수가 없다. 아이들마다 좋아하는 영상의 종류가 달라 모두 맞춰 줄 수 없을 뿐더러 어쩌다 학원에서 영화를 틀어 주는 날에는 엄마들의 컴플레인 전화 세례를 받는 것을 각오해야 한다. 선생님의 휴가로 어쩔 수 없이 영어 영화를 보여 줘도 엄마들에게 사정을 설명하고 양해를 구해야 한다. 내가 부모여도 집에서도 영상은 얼마든지 볼 수 있으니 학원에서 영화를 보는 것보다 전문 교육기관에서 마땅히 해야 할 수준의 교육을 기대할 것이다.

엄마만이 해 줄 수 있는 것

학원을 보내야 하느냐 마느냐의 문제가 아니다. 우리 집 같은 경우 내가 영어 교육 분야에 오래 종사했고, 엄마가 전업주부였기 때문에 영어만은 집에서도 충분히 가능했다. 하지만 영어를 잘 알지 못하는 '영알못' 부모님들의 경우는 당연히 전문가인 학원에 의지할 수밖에 없을 것이다. 하지만 좋은 학원이나 영어 유치원에만 전적으로 의지해서는 분명히 한계가 있다.

부모의 역할은 좋은 학원을 찾아 보내는 데서 끝나는 것이 아니다. 조금이라도 우리 아이의 성향과 속도에 맞추어서 잘 가고 있는지 꾸준히 관심을 가지고 지켜봐 주어야 한다는 것이다. 학원에서 배운 내용을 바탕으로 집에서 충분한 영어 노출을 할 수 있는 환경을 만들어 주고, 아이들이 버거워할 때는 속도를 조절해서 영어 거부자가 되지 않도록 하는 것은 부모만이 할 수 있는 것이기 때문이다. 남의 눈을 의식해 아이의 실력에 버거운 책이나 교재를 선택하거나 학원에서 레벨이 높은 반에 들어가는 것이 능사는 아니다. 내 아이의 속도에 맞게 영어를 즐기도록 해 주는 것이 더 중요하다.

엄마표 영어를 하면서 힘들어하는 분들이 많이 보인다. 물론 엄마도 아이도 모두 즐겁게 하면서 영어뿐 아니라 다양한 방면에서 모범적인 모습을 보이는 경우도 많다. 하지만 상당수의 경우는 아이, 엄마 모두 힘들어하는 것 같다. 가장 큰 이유는 각자의 개성이 모두 다른 아이들한테 일부 성공 사례들을 똑같은 속도로 적용하려 하기 때문이 아닐까 싶다. 엄마표를 하는 가장 큰 이유는 정해진 커리큘럼에서 똑같은 속도로 학습을 해야 하는 사교육을 피해 내 아이만의 속도와 수준에 맞게 스트레스 받지 않고 영어를 즐기도록 하려는 것이다. 그런데 엄마표를 하면서도 성공한 아이들의 속도와 수준에 맞추려 하기 때문에 여전히 힘든 것은 아닐까 하는 생각이 든다. 결국 엄마표 영어를 하면서 가장 중요한 건 다양한 성공 사례를 조사해 보고, 그것을 조합해 내 아이한테 가장 맞는 방법을 찾아내는 것이다.

우리 아이들 하나하나가 너무나 다르고 소중한 인격체이다. 심지어 같은 집에서 자란 아이들도 서로 다른데 완전히 다른 환경에서 자란 아이들에게 똑같은 방법을 강요하는 것은 가능한 한 피해야 할 것 같다. 어떤 아이는 책을, 다른 아이는 영상을 볼 때 더 학습이 잘 된다. 책이나 영상의 내용이 재미있는 것을 좋아하는 아이도 있고, 진지하고 학습적인 것을 좋아하는 아이도 있다. 어떤 아이들은 자기가 모르는 뭔가를 볼 때 지적 호기심이 자극되고, 약간은 어렵고 도전적이지 않으면 지루해하고 재미없어한다. 반면 어떤 아이들은 익숙한 것, 쉬운 것을 하며 자신감을 잃지 않는 것이 중요하다. 모두가 다 다르다. 우리 아이한테 딱 맞는 방법을 찾아 주는 것은 부모만이 할 수 있다.

너무 힘든 엄마들

내가 이전에 다녔던 회사에도 워킹맘이 많았는데 그들의 이야기를 들어 보면 안쓰러운 마음이 들곤 했다. 대부분의 워킹맘들이 회사에서 전쟁 같은 하루를 보내고 북적이는 대중교통을 이용해 부랴부랴 퇴근을 한다. 몸은 천근만근 무겁지만 목이 빠지도록 엄마를 기다리는 아이들을 조금이라도 빨리 안아 주고 싶어 발길을 재촉한다. 이 녀석들한테는 엄마, 아빠의 사랑과 관심이 세상 무엇보다 큰 힘이 되는 것을 알기에 몸은 힘들지만 퇴근길의 마음이 하루 중 가장 가볍다. 한편으론 다른 엄마들만큼 같이 있어 주지 못한다는 생각에 항상 미안하고 죄책감이 든다. 막상 집에 도착해 아이를 보면 반가운 것은 잠시뿐, 아이들의 하루를 묻고 이야기를 들어 줄 새도 없이 힘겹게 저녁을 먹이고 설거지를 해야 한다. 잠시 놀아 주고, 책이라도 한 권 읽어 주면 어느덧 자야 할 시간. 서둘러 씻기고 이불을 펴고 엄마와 조금 더 놀고 싶은 아이들을 겨우 달래 불을 끈다. 이런 아이들이 잠이 들어야 엄마는 마침내 육아에서도 퇴근(육퇴)을 할 수 있다. 아빠가 가사나 육아를 분담해 주는 경우도 있지만 엄마가 정말 만족하고 도움이 된다고 느끼는 경우는 별로 없다.

엄마표 영어를 하는 엄마들은 육퇴를 해야 본격적인 활동을 할 수 있다. 평소 정보를 얻는 네이버의 맘카페나 인스타그램 교육 관련 인플루언서들을 찾아가 필요한 정보를 찾고 내 아이의 현재와 미래의 계획까지 세워야 그래도 남들만큼 엄마 역할을 한다고 느끼며 안심이 된다. 아빠들은 절대 할 수 없는, 위대한 엄마들의 모습이다.

정보는 많아지고 엄가다는 더해 가고

이 책을 읽고 있는 엄마들 중에는 이런 힘든 상황에서도 소위 '엄가다(엄마 노가다)'로까지 불리는 엄마표 영어, 엄마표 교육을 하기 위해 고군분투하는 분이 많을 것이다. 나도 이런 엄마들의 처절하기까지 한 노력을 알게 된 것은 인스타그램에서 엄마들과 소통하면서부터이다. 과거에는 엄마들이 교육 정보를 얻을 수 있는 방법이 많지 않았다. 사교육에 의지해 직접 발품을 팔아 주변의 학원을 알아보거나 정보통 엄마들을 통하는 것이 가장 효율적인 방법이었다. 대중 매체나 전문가들의 세미나를 참석하는 것도 좋은 방법이었으나, 내가 정말 궁금한 것에 대해 적기에 알려 주지는 못했고 자주 있지도 않아 온전히 학원이나 과외 등의 사교육 전문가들에게 의지해야 했다. 그나마 있던 이런 오프라인 세미나도 코로나 이후 모두 사라지고 말았다.

다행히 네이버, 다음 등의 포털 사이트에 다양한 카페들이 생거나 비전문가들도 좋은 콘텐츠만 있으면 많은 사람들과 소통하고 정보를 나눌 수 있는 세상이 되었다. 엄마표 영어를 비롯한 홈스쿨링도 온라인 카페가 활성화된 시기부터 붐이 일기 시작했다. 최근에는 인스타그램 같은 SNS를 통해 다양한 인플루언서들이 활동하며 엄마들도 조금만 손품을 팔면 원하는 정보를 어렵지 않게 얻을 수 있는 시대가 되었다.

온라인 카페에서는 다양한 게시물을 글로 작성해서 정보를 전달하고, 댓글로 소통을 했었다. 그런데 인스타그램에서는 라이브 방송을 통해 언제든지 팔로워들과 소통을 할 수 있게 되었다. 예전 같으면 수천만 원짜리 방송 장비들을 갖추고 경험 있는 전문가들이 모여 오랜 시간 기획하고 준비해야 방송이 가능했다. 하지만 지금은 누구나 스마트폰만 있으면 TV 방송을 하듯이 자신의 콘텐츠를 소개하고 팔로워들과 실시간으로 소통을 할 수 있는 환경이 일반화된 것이다. 엄마표 영어를 하는 분들은 자신이 좋아하는 전문가들을 팔로우하고 사진이나 동영상을 통해 정보를 접하며, 종종 이 인플루언서(Influencer)가 직접 진행하는 방송에 참여해 질문을 하기도 한다. 평소 사진이나 영상으로만 보던 인플루언서와 소통을 할 수 있는 라이브 방송은 굉장히 매력적인 매체가 되었다.

그런데 독박육아를 하는 엄마들이 주 시청자인 이런 방송은 보통 밤 11시 이후에 시작이다. 아이들을 모두 재운 후에야 육퇴(육아 퇴근)가 가능하고 비로소 방송에 집중할 수 있기 때문이다. 이런 사정을 이해하게 되니 참 씁쓸하면서도 엄마들의 모정에 새삼 위대함을 느끼고 아빠이자 남편으로서 반성도 하게 되었다. 엄마들 입장에서는 TV에서 볼 수 있는 권위 있는 전문가는 물론 실제 교육 현장에 있는 다양한 전문가, 교육 관련 베스트셀러 도서의 저자가 직접 설명해 주는 내용부터 평범한 엄마가 엄마표를 실천해 성공시킨 사례까지 실전에 도움이 되는 다양한 정보들이 넘쳐나기 때문에 이런 라이브 방송은 놓칠 수 없는 기회다. 오프라인 세미나나 저자 사인회 등은 대부분 대도시 위주로 열리지만, 이런 온라인 라이브 방송은 전국 어디에 있든지 누구나 참여할 수 있다는 장점도 있다. 특히 요즘 같은 비대면 서비스가 각광받는 시대에는 더 그렇다. 오히려 문제는 정신을 차릴 수 없을 정도로 전문가도, 그들이 쏟아내는 정보도 많아지고 있다는 것이다.

시대가 달라지면서 정보는 넘치고, 이 정보들을 접할 수 있는 방법도 다양해지고 쉬워졌지만, 엄마들의 독박육아, 엄가다, 육퇴는 계속되고 있다는 것이 정말 안타깝게 느껴진다. 매일 밤낮으로 독박육아에 힘들어하는 모든 엄마들을 진심으로 응원한다.

엄마표 영어를 하는 가장 중요한 이유는 내 아이의 성향, 관심사, 학습 속도 등에 맞춘 방법을 찾기 위함이다. 현서네를 포함한 다양한 성공 사례를 참고하고 우리 집만의 비법을 만들어 보자.

사랑하지만 엄마도 힘들 때가 있어

내 아이에게 무엇이든지 최고의 것을 주고 싶은 것이 부모의 마음이다. 예쁜 옷, 좋은 음식, 멋진 장난감, 교육 환경 중에서 다른 건 시간과 돈만 있으면 큰 어려움 없이 해 줄 수 있지만 아이 교육만큼은 그렇지 않은 것 같다. 우리 모두 부모가 처음이다 보니 어떻게 해야 좋은 부모가 될 수 있는지 잘 모른다. 정말 '어쩌다 부모'가 된 것이다. 누가 제대로 된 부모 교육을 해 준 적이 없다 보니 그냥 내가 아는 한도 내에서만 최선을 다하게 된다. 그러다 보면 주변 사람들은 다 잘하는 것 같은데 나와 우리 아이만 뒤처진 것 같은 불안감에 휩싸인다. 엄마들이 더 힘들어 하는 이유는 이 무거운 책임을 혼자 다 짊어 져야 한다고 느끼기 때문이 아닐까 싶다.

왜 이렇게 엄마들만 아이 교육에 대한 책임을 느끼고 힘들어 하는 걸까? 우리 사회의 가장 큰 변화 중 하나는 핵가족화이다. 예전 대가족 문화에서는 부모들의 나이는 지금보다 훨씬 어렸지만, 아이를 키워 본 경험이 있는 어른들이 늘 가까이 있었다. 시집살이를 하며 다른 스트레스는 컸을지 모르겠지만, 육아에 대한 부담은 요즘 엄마들보다는 훨씬 덜 하지 않았을까? 결혼을 하고 육아를 하면서 엄마들은 고생도 고생이지만 그만큼 사회적으로 포기하는 것들도 생겨 우울해지기도 한다. 하지만 곧 가슴 깊은 곳에서부터 "나 아니면 누가 돌봐 주고 사랑해 줄까?"라는 모성애가 솟아나며 아이만 물끄러미 바라보게 한다. 이런 오묘하고 복잡한 마음을 가진 것이 우리 인간의 본성인 것을 어쩌겠는가.

엄마의 육아 스트레스

문제는 아이를 직접 교육하고 많은 시간을 보내는 과정에서 이런 엄마의 스트레스가 아이에게까지 전달된다는 것이다. 이런 경우를 생각해 보자. 한 엄마가 인터넷의 온갖 정보를 검색하고 다양한 육아서를 읽으면서 마음에 쏙 드는 교육 방법을 찾아냈다. 정말 고심 끝에 결정을 했다. 들뜬 마음에 내 아이에게 적용을 해 보지만 아이는 관심도 없고 생각만큼 따라와 주지 않는다. 또는 남들이 좋다고 하는 명작 동화나 각종 수상작 등이 포함된 전집을 구매했는데 아이가 생각만큼 재미있게 읽지 않는다. 겨우 몇 권 읽다 말고 책은 그냥 책장에 꽂힌 채로 전시용으로 전락하는 경우도 생긴다. 이쯤 되면 엄마의 노력을 몰라 주는 아이가 원망스럽고 미워지기까지 한다. 같이 앉아 공부를 할 때마다 괜한 짜증을 내며 아이가 조금만 흐트러지는 자세를 보여도 목소리의 톤이 달라지고 종종 한계를 넘으면 큰 소리로 아이의 마음에 상처 주는 말을 내뱉기도 한다.

결국 아이는 그런 상황이 올까 봐 두려워하고 엄마와 공부하는 시간이 점점 부담스럽게 된다. 이 모두가 엄마가 너무 잘하려는 데서 오는 스트레스가 아닐까 싶다. 기대가 컸던 만큼 실망도 커진다. 아이는 아이대로 자존감의 상처를 입고, 나와 내 아이만 안 되는 것 같다는 생각에 엄마의 좌절감도 커진다. 누가 육아를 조금만 분담해 주거나 이런 힘든 상황을 이해해 주고 나눌 수만 있어도 아이에게 이렇게 하진 않을 것 같은데, 스스로 더 위축되고 한없는 죄책감마저 들게 된다. 단지 더 좋은 엄마가 되고 싶고, 내 아이를 더 잘 키우고 싶은 마음이 전부였는데 결과는 오히려 그 반대가 되는 경우가 생기는 것 같다.

이 외에도 혼자 아이를 키우다 보면 이런저런 일들로 인해 받은 스트레스가 너무 많다. 매일 밤 곤히 잠든 아이 얼굴을 보며 그러지 말아야지 다짐하지만 뜻대로 되는 날은 별로 없다. 아이가 행복하려면 우선 내가 스트레스가 없고 행복해야 하는데 그게 말처럼 쉽지가 않다.

2년간의 친정살이가 가져온 큰 변화

우리는 참 다행스럽게도 위에서 설명한 과정을 겪지 않고 엄마의 육아 스트레스가 거의 없이 행복하게 현서를 키울 수 있었다. 뭔가 대단한 계획이 있었거나 의도를 했던 것이 전혀 아니고 아빠의 유학으로 인해 어쩔 수 없이 현서가 2살부터 2년 동안 엄마와 함께 제주의 외가에서 살게 된 것이 도움이 되었다. 현서 엄마는 결혼 전까지 가족끼리 즐겁게 살았다. 하지만 결혼 후에는 현서 엄마에게 더 이상 이런 시간이 주어지지 않았다. 그러다 현서라는 딸과 함께 예전처럼 행복한 시간을 보낼 수 있게 되었던 것이다. 현서를 한없이 사랑해 주는 외할머니와 틈만 나면 현서와 놀아 주는 두 이모 덕분에 현서 엄마의 육아 부담은 현저하게 줄었다. 가족 모두의 관심과 너무나 큰 사랑을 받은 현서는 또 어땠을까? 물론 나름대로 스트레스는 있었겠지만, 현서 엄마의 행복감은 그 어느 때보다 높았을 것이고, 현서한테 전달된 스트레스는 거의 없었다고 해도 과언은 아니었을 것 같다. 이때 외할머니와 이모들로부터 받은 관심과 사랑이 현서의 자존감에 절대적인 영향을 끼쳐 지금도 항상 밝고 긍정적인 모습을 보이는 것이 아닐까 싶다. 가정을 위해 헌신하는 전업주부이든 전쟁 같은 회사 생활을 이겨 내는 워킹맘이든, 우선은 엄마가 행복해야 한다.

여기서 중요한 것은 아이의 자존감과 행복감은 주 양육자인 엄마의 행복감과 밀접하게 연관되어 있다는 것이다. 엄마가 스트레스가 없고 행복해야 아이도 밝고 긍정적으로 자랄 수 있다는 것을 나중에 깨닫게 되었다. 게다가 현서 엄마 스트레스의 가장 큰 원흉인 남편이 없었던 것도 분명 큰 영향을 끼쳤으리라.

엄마의 행복은 아빠 하기에 달린 것

한때 아이들 대학 입시 성공의 조건이 '할아버지의 재력, 아빠의 무관심, 엄마의 정보력'이라는 우스갯소리가 있었다. 인정하기는 싫지만 그렇다고 마냥 부정할 수만은 없는 씁쓸한 현실이었다. 다행인지 불행인지 현서네는 이중 단 하나의 조건도 맞지 않았다. 할아버지의 재력은 전혀 없었고, 현서 엄마는 정보에 그다지 민감하지 않았다. 남들이 좋다고 하는 정보에 솔깃하기보다 현서에 맞는 방법을 찾아 현서만의 속도에 맞추어 묵묵하게 꾸준히 실천하는 스타일이었다. 나는 현서의 교육에 관심이 많다. 남들이 어떻게 하는지보다 현서가 어떤 성향을 가지고 있고, 무엇을 좋아하고 잘하는지 관찰하며 현서에게 가장 적절한 방법을 찾아 주는 것이 가장 현명한 교육 방법이라 생각하고 또 그렇게 해 오고 있다.

아이들 교육을 비롯한 그 외 대부분의 집안일은 엄마의 몫이라고 여겨지던 시절이 있었다. 하지만 지금은 시대가 많이 변했다. 맞벌이 부부들 사이에도 가사나 육아를 분담하는 경우가 늘고 있긴 하지만 아직까지도 아빠의 역할이라기보다 엄마의 일을 도와준다는 인식이 더 크다. 여전히 아이와 대부분의 시간을 보내는 것은 엄마이다. 성공적인 교육을 위해서 아빠가 교육에 직접 관여하는 것보다 엄마가 행복하고 원하는 방향으로 갈 수 있도록 지지해 주고 도와주는 것이 더 좋다고 생각했다. 엄마가 행복한 만큼 현서뿐 아니라 가족 모두가 행복해질 것은 자명한 사실이기 때문이다.

　나는 현서 엄마 컨디션에 항상 신경을 쓴다. 예민한 남편 때문에 알게 모르게 스트레스를 받을 텐데 그런 스트레스가 오래 가지 않도록 눈치도 보고 나름 애를 많이 쓴다. 내가 말실수를 하거나 잘못한 게 있으면 최대한 빨리 사과하고 기분을 풀어 주려고 한다. 현서 엄마는 감정 표현을 정확하게 하지 않는 편이다. 그래서 항상 현서를 보며 엄마의 행복도를 가늠할 뿐이다. 다행히 현서는 항상 행복하다.

엄마표 영어 자주 하는 질문

우리 아이 영어 교육은 언제 시작하는 것이 좋을까요?

예전에는 영어 교육이라고 할 때 초등학교나 중학교에서 배우기 전 미리 하는 선행 학습을 의미했던 것 같다. 그리고 이런 학습은 알파벳을 배우고, 단어를 외우는 등의 '공부'가 전부였다. 그리고 이를 초등학교 저학년이나 취학 전 아동들에게도 시키는 것이 영어 조기 교육이었다. 언어로서의 영어를 배우기보다 학교 교과목 중 하나인 영어를 미리 공부하는 수준으로 대부분의 학부모들이 받아들이지 않았나 싶다. 이런 것이 영어 교육이라면 빨리 시작할수록 오히려 독이 된다고 생각한다.

하지만 영어 교육의 정의가 모국어를 체득하듯 노출을 통해 자연스럽게 배우는 것이라면 36개월 이전에 하는 것이 적절하다고 생각한다. 이유는 현서가 50개월 정도부터는 영어로 듣는 것을 불편해하기 시작했기 때문이다. 아마 이 시기에 우리말이 완전해지면서 영어는 완전히 외국어로 인식하게 되었던 것 같다. 현서의 경우 본격적으로 노출을 시켜 준 것은 40개월부터인데 50개월이 되기까지는 영어로 영상을 보면서 한국어로 보겠다는 말을 한 적이 없었다. 더 일찍 시작하지 않은 이유는 그 전에는 모국어 노출을 시켜 주고, 한글 책을 많이 읽어 주는 것이 우선이라고 생각했기 때문이다. 36개월 이전에도 '슈퍼심플송' 같은 챈트나 노래로 영어를 익숙하게 해 주는 것은 큰 문제가 아닐 것 같다.

아예 이중 언어나 다국어를 목표로 하는 경우는 조금 다르다. 이중 언어를 목표로 하는 분들은 이보다 더 일찍 한국어와 영어를 동시에 노출시켜 준다고 한다. 일상에서도 영어와 한국어가 비슷한 비중으로 노출이 되도록 한다.

정답은 없겠지만 개인적인 생각은 우선 모국어를 잘하는 것이 중요하다고 생각한다. 만약 둘째가 태어난다고 해도 현서가 했던 방법 그대로 할 것 같다.

영상 노출은 하루 몇 시간 정도가 적당할까요?

영어 노출 환경을 만들어 주는 것이 목적이라고 하면 길수록 좋다고 생각한다. 하지만 엄마도 같이 봐 줘야 하고 재미있게 꾸준히 해야 하는 것이니 시간을 정하고 보여 주는 것이 좋다. 기본 하루 한 시간을 기준으로 아이의 나이와 여건에 따라 엄마가 조절을 하면 된다.

현서의 경우 본격적으로 영어 노출을 시작한 4살 때는 '슈퍼심플송'과 '페파피그'로 했다. 시간을 정확히 정하고 했던 것은 아니지만 하루 평균 1시간 정도였다. 주로 집에서 엄마가 청소나 설거지를 할 때 또는 식사 준비를 하거나 빨래를 넣고 개는 시간에 틈틈이 보여 줬다. 외식을 할 경우 현서가 밥을 다 먹고 엄마, 아빠가 밥을 먹는 짧은 시간에도 영어 노래를 들려주곤 했다.

그리고 나이가 들수록 영어 영상 보는 것을 즐기게 되면서 노출 시간은 자연스럽게 늘어났고 초등학교 2학년인 요즘은 평일에는 하루 평균 1시간 반 정도, 주말에는 아빠와 함께 2시간 이상을 보기도 한다. 주중에 현서가 영어 영상을 보는 것은 자기 할 일을 다 했을 때 보상으로 활용하고, 주말에는 아빠와 같이 볼 수 있는 명작 영화를 보면서 영어 노출을 한다. 아주 어려운 영화가 아니면 대부분 영어 자막이나 무자막으로 본다.

파닉스는 언제 시작하는 게 좋은가요?

현서는 9살이 된 현재까지 파닉스를 제대로 해 본 적이 없다. 어린이집에서 방과 후 학습으로 했던 것이 전부이고 학원을 다닌 적이 없으니 파닉스 교재로 체계적으로 배운 적은 없다. 그런데 어떻게 ORT는 물론 챕터북까지 읽을 수 있을까? 아마 어렸을 때부터 엄마가 글자 수가 적은 그림책부터 읽어 줬기 때문일 것이다. 한 페이지에 그림 하나와 한두 단어가 있는 책부터 읽다 보니 영어 단어를 통단어로 하나씩 익히게 되고 그런 과정이 반복되면서 어느 정도는 규칙을 스스로 익힌 듯하다. 한글이든 영어든 이렇게 통단어로 익히면서 글을 자연스럽게 읽는 친구들이 꽤 있을 것이다.

모국어를 배우는 순서가 '듣기-말하기-읽기-쓰기'라는 것은 누구나 알고 있다. 영미권에서도 우리가 한글을 배우듯 글을 읽게 하기 위해 배우는 것이 파닉스이다. 그런데 영어를 배우는 우리나라에서는 아직 한글도 못 읽는 아이들조차도 알파벳과 파닉스로 영어 교육을 시작하는 경우가 종종 있다. 모국어가 완벽한 어른들은 읽기-쓰기-듣기-말하기의 순서로 외국어를 배우는 것이 맞다. 이들의 뇌에는 이미 하나의 언어 체계가 갖춰져 있고 이를 바탕으로 유사점과 차이점을 비교해 이해하면서 배우는 것이 더 효율적이기 때문이다.

하지만 아직 한국어도 완벽하지 않고 한글도 모르는 아이에게 알파벳, 파닉스부터 들이대는 것은 좋은 방법이 아니다. 현서처럼 우선 듣기, 말하기를 어느 정도 하고 나서 읽기를 배우는 것이 이들한테는 훨씬 효율적인 방법이다. 그렇다고 파닉스 교육이 필요 없다는 것은 아니다. 단지 읽기가 우선이 아니니 아이들이 어느 정도 영어가 익숙해진 후, 엄마가 읽어 주는 영어책이 익숙해진 후, 스스로 읽고 싶다는 욕구가 생길 때 해 줘도 늦지 않다. 엄마와 쉬운 그림책부터 읽다 보면 현서처럼 파닉스를 하지 않아도 웬만한 단어는 다 읽게 될 것이다. 파닉스는 왜 그렇게 소리가 나는지 원리를 이해할 수 있는 나이가 되어서 해도 절대 늦지 않다.

왜 모든 사람들이 유아 영어 교육 하면 파닉스 얘기를 먼저 할까? 영어 교육의 과정 중에 시작과 끝이 파닉스만큼 명확한 것이 없기 때문이다. 파닉스를 마치면 글을 읽을 수 있게 된다. 눈에 보이는 분명한 결과가 있기 때문에 파닉스라는 명칭이 주는 힘은 어마어마하다. 유아 영어 교육을 하는 전문가들에게 파닉스는 쉽게 엄마들의 이목을 끌 수 있는 마법의 단어이다. 어쩌면 영어 교육의 시작이 파닉스라는 인식이 엄마들의 생각에 자리 잡으면서 언어로서의 영어 교육이 어렵다는 생각도 하게 된다. 우리나라 영어 교육 시장은 파닉스를 시작으로 읽기 위주의 교육과정과 상품들이 주를 이루고 있다. 이들이 주는 메시지는 너무나 강력해 엄마들로서는 거부하거나 빠져나가기가 힘들다. 우리 인식에는 아직도 영어 공부를 시작하려면 당연히 알파벳을 먼저 해야 하고 그 다음은 파닉스로 자연스럽게 연결된다. 의사소통을 위해 언어로서 영어를 배우고 싶은 사람들을 위해서 듣기, 말하기에서도 파닉스처럼 "이것만 하면 듣기, 말하기 기본이 완성됩니다."라는 인식을 심어 줄 수 있는 강력한 무언가가 있으면 우리 아이들이 영어를 배우는 방법도 크게 달라지지 않을까 하는 생각을 하게 된다.

이해를 못하는 것 같은데 영상을 계속 보는 것은 괜찮을까요?

책이든 영상이든 아이가 이해를 못하거나 재미가 없으면 절대 집중해서 보지 않는다. 설사 뜻을 모르고 본다고 해도 봐 주는 것만으로도 큰절을 하며 감사할 일이다. 재미가 없다며 아예 영어 영상 보기를 거부하는 친구들도 많기 때문이다. 즉 본다는 것 자체가 어느 정도 이해한다는 의미이고, 그렇게 보다 보면 모르던 단어나 표현을 하나라도 더 알게 되는, 당장 눈에 보이지 않는 효과가 있는 것이다. 특정 영상을 볼 때 우리 어른과 아이들이 생각하는 '쉽다', '어렵다'의 개념은 완전히 다르다. 어른들은 영상보다는 인물들의 대사를 들으면서 내용을 이해하려 하기 때문에 모르는 영어 단어가 많이 나오는 영상은 어려워서 못 보겠다고 생각한다. 하지만 아이들은 그렇지 않다. 대사보다는 영상에 나오는 캐릭터들의 행동이나 상황만으로도 전체 내용을 이해하기 때문에 대사에 대한 의존도가 낮다. 어차피 대부분 익숙하지 않은 단어이기도 하다. 그래서 아이가 좋아하는 영상을 찾아 주는 것이 무엇보다 중요하다.

이런 이유 때문에 영상이 짧은 동요이든 장편 디즈니 애니메이션이든 다양한 영상을 많이 보여 주는 것보다 같은 영상을 반복해서 보여 주는 것이 더 효과적이다. 처음에는 10%만 이해하고 들리던 것이 그 다음 볼 때는 15%, 그 다음 볼 때는 20%, 이렇게 점점 더 많이 듣고 이해하게 되고 결국에는 모든 단어와 표현을 완전히 이해하게 될 것이기 때문이다. 아이가 본다는 것은 어느 정도 이해하기 때문이다. 설사 이해 못 한다고 해도 반복해서 계속 보다 보면 서서히 알게 된다. 그냥 보게 두면 된다.

이야기를 이해하는지 확인해 보지 않아도 될까요?

영상이든 책이든 등장인물이나 사건, 전반적인 줄거리 등에 대해서 물어보는 것은 괜찮다. 아이가 어려워할 것 같은 단어도 뜻을 말해 주는 것은 괜찮다. 하지만 우리가 중고등학교 때 했던 방식대로 문장 하나하나를 정확하게 해석하도록 하는 것은 절대 하지 않기 바란다. 이럴 때는 두 가지 부작용이 생길 수 있다. 하나는 아이가 이해가 안 될 때 스스로 내용을 유추해 보는 아주 중요한 과정을 하지 않게 된다. 엄마, 아빠가 해석해 줄 것을 알기 때문이다. 또 하나는 그렇게 이해하지 못하는 문장이 나오는 순간 거기에 신경을 쓰느라 전체적인 내용을 이해하는 데 방해가 될 수 있다는 것이다. 책을 읽거나 영상을 볼 때 아이들이 한 번에 모든 단어와 문장을 완벽하게 이해하기를 바라는 욕심은 버리는 것이 좋다.

아이에게 질문을 할 때도 질문이 아이의 영어 자신감에 미치는 영향을 고려해야 한다. 아이들이 아는 것을 엄마가 물어봐 주면 좋은 동기 부여 요소가 된다. 반대로 내용을 잘 모르는데 엄마, 아빠가 자꾸 물어보면 대답하기 싫어지고 이로 인해 주눅이 들거나 거부감이 생길 수도 있다. 이럴 경우는 질문을 하지 않는 것이 나을 수도 있다. 특히 영어 그림책을 본다면 그림과 몇 단어만으로도 아이들은 상상력을 동원해 이야기의 빈 내용을 채워 나간다. 이 과정은 영어 단어 몇 개를 아는 것보다 더 중요한 과정이라고 생각한다. 작가나 엄마가 정해 준 이야기와는 다른 자신만의 이야기를 머릿속으로 그릴 수 있다. 그래서 아이가 이해가 안 되는 부분이 있어 엄마에게 먼저 물어보는 것이 아니라면 그냥 두는 것이 좋다.

영상을 볼 때 한글 자막을 켜고 봐도 괜찮나요?

한글 자막을 틀어 놓고 영상을 보는 것은 학습적인 면에서는 효과가 거의 없다고 보는 게 맞다. 어른들조차도 리스닝 연습을 한다고 영화나 드라마, 뉴스를 한글 자막을 켜고 보면 자막을 보느라 영어는 못 듣게 된다. 한글 자막을 켜고 영상을 보는 목적은 딱 한 가지여야 한다. 영어로 보기에는 너무 못 알아듣는 것이 많고 영상 내용이 이해되지 않아 우선 내용을 파악해야 할 때이다. 사실 이 정도로 어렵다면 더 쉬운 영상을 찾아야 하겠지만, 아이가 영상 자체를 너무 좋아한다면 처음 몇 번은 한글 자막으로 봐도 무방하다.

현서의 경우도 처음 디즈니 영화 '인사이드 아웃'을 볼 때 더빙판과 영문판을 번갈아 가면서 봤다. 당시에는 한글도 읽을 수 없어서 한국어 더빙판을 보면서 내용을 이해하도록 했다. 영어 듣기가 어느 정도는 되던 때라 영문판 한 번 본 후 더빙판 한 번, 나중엔 영문판 두 번 본 후 더빙판 한 번, 이렇게 더빙판 보는 수를 줄여 나갔고 나중엔 대사 대부분을 우리말로 알고 있어서 영문판으로 보면서 그 상황에 맞는 정확한 영어 표현을 자연스럽게 익히게 되었다. 이쯤 되면 생각 자체를 영어로 하고 말도 바로 영어로 나오게 된다.

즉 어른이나 아이나 목표는 한글 자막 없이 보는 것이 되어야 하고, 단번에 그렇게 하기가 어렵다면 한글 또는 영어 자막으로 보는 과정을 거치는 것도 좋은 방법이다.

우리 아이는 영어로 안 보려고 하는데 어떻게 해야 하나요?

아이가 영어 영상 보기나 영어 책 읽기를 거부한다는 엄마들의 호소가 의외로 많다. 그동안 엄마들을 관찰하고 상담한 바로는 크게는 세 가지로 분류가 된다.

첫째는 엄마가 찾아 준 영어 영상 자체가 재미가 없어서이다. 지나치게 교육적이거나 아이의 취향에 맞지 않는, 엄마가 보기에 좋은, 착한 영상일 경우가 있다. 이런 경우는 아이가 정말 좋아하는 영상이 나올 때까지 찾아보는 것이 방법이다. 엄마도 조금은 덜 교육적인 영상도 폭력적이거나 선정적이지만 않다면 허용을 해 줘야 한다. 장난감 언박싱 영상 같은 경우가 그렇다. 장난감을 싫어하는 아이는 없을 것이다. 다만 유튜버의 성향에 따라 콘텐츠 자체가 너무 선정적인 경우가 있으니 이런 것들은 피해야 한다. 아이들이 알아듣기에 지나치게 빨리 말하거나 어려운 표현들을 쓰는 경우도 있으니 잘 선택하기를 바란다.

둘째는 영상의 영어가 너무 어려워서 알아들을 수 없기 때문이다. 이런 경우 해결 방법은 두 가지다. 어렵지만 자신이 정말 좋아하는 영상이라면 처음에는 많이 못 알아듣더라도 계속 반복해서 보는 것이다. 너무 못 알아듣는다면 한두 번은 우리말 더빙판이나 한글 자막을 넣어서 보는 것도 괜찮다. 다른 한 가지 방법은 아이가 알아들을 수 있는 쉬운 영상을 찾는 것이다. '슈퍼심플송', '코코멜론' 등 노래로 기본 단어와 표현을 배우는 영상들을 꾸준히 보다 보면 자연스럽게 기본 영어를 익히면서 영어에도 훨씬 친숙해진다. 쉬운 영상을 우선 보여 주면 된다.

마지막은 해당 영상이 우리말 더빙판이 있다는 것을 알기 때문에 영어로 보기 싫어하는 경우이다. 이럴 경우에는 더빙판 보기를 보상으로 활용하는 것이 방법이다. 우리말 더빙판을 보기 위해서는 영어로 한 번 봐야 한다는 규칙을 정하는 것이다. 나중에는 두 번, 좀 더 시간이 지나면 자막판 세 번을 봐야 더빙판 한 번을 보여 준다고 하는 것이다. 이렇게 몇 번을 반복하는 사이 아이는 자기도 모르게 영어로 보는 것을 그렇게 불편하지 않게 될 것이다.

반복해서 보는 걸 싫어해요.

아이마다 성향이 다 다르다. 그러다 보니 반복해서 보는 것 자체를 싫어할 수도 있다. 다양한 책이나 영상을 보는 것보다 같은 것을 보며 제한된 단어와 표현들이 짧은 기간 동안 반복해서 노출되는 것이 학습 효과가 더 높다는 것이지, 반드시 반복해서 봐야 하는 것은 아니다. 억지로 반복해서 보도록 강요하는 것이 오히려 부작용이 생길 수 있으니 반복해서 보여 줘야 한다는 압박감은 갖지 않기를 바란다.

다만 아이가 정말 좋아하는 영상이나 영화라면 아마 엄마가 뜯어말려도 스스로 반복해서 볼 것이다. 아직 아이가 그런 책이나 영상을 찾지 못했을 뿐일 수도 있다. 그리고 아이가 클수록 반복해서 보는 것을 좋아할 확률은 낮아진다. 그러니 되도록 어릴 때부터 반복 보기를 시켜 줘야 한다. 중요한 것은 아이를 잘 관찰하면서 아이가 영어를 싫어하지 않도록, 좋아하는 것을 영어로 연결시켜 주면서 영어도 친근하고 좋아지도록 만들어 주는 것이다. 어느 전문가나, 이웃의 누가 좋다고 하는 방법도 우리 아이한테는 안 맞을 수 있다. 아이의 의견을 존중하고 아이한테 기준을 맞춰 주기를 바란다.

틀린 발음, 문법에 맞지 않는 말을 하면 고쳐 줘야 하나요?

아이가 뭐든 틀리게 하는 것을 알면 바로바로 고쳐 주고 싶은 것이 부모의 마음이다. 말을 틀리게 할 경우에 맞게 하도록 알려 주는 것도 너무나 당연하다. 하지만 아이가 이제 막 말을 하기 시작하며 영어에 흥미를 느끼고 있을 때 자꾸 틀리다고 지적하는 것은 한창 신나게 말을 배우고 있는 아이에게 찬물을 끼얹는 것과 다를 바 없다. 아이들이 처음 입을 열기 시작할 때는 정확히 말하는 것보다 중요한 것이 최대한 자주 말하는 것이다. 많이 말하다 보면 스스로 고쳐 나갈 기회도 많아진다. 사람 사이의 의사소통은 단순히 입으로 나오는 말로만 되는 것이 아니다. 상황이나 표정, 보디랭귀지 등으로 충분히 자신의 뜻을 전달할 수 있다. 그런 측면에서 문법이 약간 틀리거나 발음이 정확하지 않더라도 무슨 말을 하는지 이해한다면 그냥 두는 것이 좋다고 생각한다. 처음부터 정확하게 말을 할 수는 없다. 누군가가 틀리게 말하는 것을 지적하고 고쳐 주려 하는 순간부터 말할 때 주저하게 된다. 그러다 자주 틀리면 입을 닫아 버리는 경우가 생긴다.

현서는 지금도 틀린 표현들을 자주 쓴다. 특히 과거형이나 부정문을 쓸 때 자주 틀리고 아직 인칭에 대한 이해도 없어서 틀리게 말하는 경우가 흔하다. 아직까지는 아빠가 틀리는 걸 알면서도 지적을 하지 않았다. 틀릴 때마다 지적해서 고쳐 줬다면 현서가 훨씬 더 정확한 표현으로 말을 했을 것이긴 하지만, 지금처럼 밝은 표정으로 틀리는 것마저 자신 있게 말하지는 못했을 것이 분명하다. 다행인 건 느리지만 스스로 틀린 표현들은 고쳐 나가고 있다는 것이다.

어느 정도 영어에 자신감이 있는 아이라면 틀린 문법이나 발음을 고쳐 주는 것도 필요하겠지만, 아직 영어가 서툴고 익숙하지 않아 말하기를 주저하는 아이들에게는 틀려도 많이 말하도록 유도하는 것이 훨씬 중요하다.

엄마, 아빠가 영어를 잘 못하는데 괜찮을까요?

앞서 도연이네 사례도 소개했듯이 엄마, 아빠의 영어 실력보다는 영어를 얼마나 중요하게 생각하느냐가 더 중요하다. 우린 무의식적으로 아는 한도 내에서 생각을 하게 된다. 영어를 잘하는 엄마, 아빠들은 주변에서 영어를 잘해서 도움이 되는 경우를 많이 보고 직접 체감을 했기 때문에 자녀들에게도 더 우선순위를 두고 가르치려 하는 게 아닐까? 현서네도 그렇다. 아빠가 직접 현서랑 영어 공부를 한 적은 거의 없었다. 그저 어떻게 하면 영어를 잘하게 할까에 대해 계속 고민하고 현서한테 가장 잘 맞는 방법을 찾을 때까지 포기하지 않고 노력했던 것뿐이다. 영어를 잘하면 인생에서 얼마나 선택의 폭이 넓어질 수 있는지 보고 느꼈기 때문이다.

아마 아빠가 현서한테 영어를 가르치겠다고 앉아서 같이 공부를 했다면 현서가 오히려 영어를 싫어하게 되지 않았을까 생각한다. 왜냐면 계속 지적을 하고, 실망하는 모습을 현서한테 보였을 것이기 때문이다. 실제로 같이 앉아서 학습을 몇 번 했을 때 그런 일이 벌어지기도 했다. 아이가 영어를 잘하기 위해 엄마, 아빠가 반드시 영어를 잘해야 하는 것은 아니다. 그저 그 방법을 찾을 수 있는 노력만 하면 누구나 가능하다. 그 방법은 이 책에 소개된 것들을 시작으로 찾아보면 좋겠다.

현서는 단어 암기나 문법 등을 따로 공부하지 않았나요?

현서는 9살에 단어와 문법 공부를 시작했다. 이것도 현서 스스로가 필요성을 느껴서 했다. 평소 원어민 선생님과 수업을 하는 도연이가 자신은 모르는 어려운 표현들을 많이 쓰고, 말도 더 정확하게 한다는 것을 현서 스스로 알았기 때문이다. 더 잘해야겠다는 생각을 했나 보다. 그래서 이후에는 별도 화상수업을 통해 원어민 선생님과 일주일에 두 번 30분씩 수업을 하기 시작했다. 하지만 그 전까지는 별도로 단어나 문법을 학습한 적이 없다. 영어를 잘하기 위해서 어휘력과 문법은 분명히 중요한 요소이다. 하지만 학습하는 순서는 고민해 볼 필요가 있다. 현서가 했던 것은 모국어를 습득하는 방식으로 영어를 배우는 것. 즉, 듣기가 우선이다.

현서는 학교 수업을 하고 우리말 책을 많이 읽으면서 지식이 확장되는 만큼 우리말 어휘도 늘었다. 영어로 이야기할 때도 확장된 자신의 지식만큼 말을 하려다 보니, 이전보다 말이 막히는 경우가 많아졌다. 그래서 더 잘해야겠다는 생각이 자연스럽게 들었나 보다. 아직 아이가 필요성을 느끼지 못하는 단어, 문법을 먼저 시키는 것보다 스스로 그 필요성을 느낄 때 공부를 하면 훨씬 더 잘하게 될 것이다.

다음은 현서한테 어떻게 영어를 잘하게 되었는지 물어보고 답하는 것을 찍은 영상이다. 4살부터 자연스럽게 체득한 현서한테 영어 공부를 어떻게 했는지 물었는데, 질문 자체를 이해하지 못한다. 그냥 자연스럽게 체득했기 때문에 영어 공부를 왜 해야 하는지 이해를 못 한 것이다. 단어를 외웠냐고 물어봐도 한참을 멍하니 있다가 "무슨 말인지 모르겠다."라고 답한다. 문법도 뭔지 모른다.

알파벳을 배운 후에 파닉스를 배우고 책을 읽으면서 영어를 공부하는 것을 당연한 과정으로 알고 있는 엄마에게는 이 답이 좀처럼 이해가 안 될 수 있다. 단어를 외우거나 문법을 공부해서 영어를 배우는 것은 모국어가 완전한 10대 이상의 아이나 성인들에게는 효과적인 방법이다. 하지만 현서처럼 영어도 모국어 배우듯이 체득한 경우는 그런 과정이 없었다. 꾸준히 영어 영상을 보고 영어 책을 읽다 보면 스스로 알게 된다.

내가 영어를 잘한 방법

▶ 영상 바로 보기

2019년 봄 어느 날
'놀면서 배우는 아빠표 영어'라는 주제로
맘카페 엄마들 대상으로 인스타그램 라이브 방송을
한 것이 계기가 되어 이 책까지 쓰게 되었다.
그때 라이브 방송에서는 학원 한 번 안 간 8살 현서가
영어 영상 노출을 통해 영어를 잘하게 된 방법을 설명했다.

⋮

5장

현서네
교육 철학

영어보다 중요한 독서

자존감 〉 독서 〉 영어

2019년 봄 어느 날 '놀면서 배우는 아빠표 영어'라는 주제로 맘카페 엄마들 대상으로 인스타그램 라이브 방송을 한 것이 계기가 되어 이 책까지 쓰게 되었다. 그때 라이브 방송에서는 학원 한 번 안 간 8살 현서가 영어 영상 노출을 통해 영어를 잘하게 된 방법을 설명했다. 설명 도중에 영어보다 훨씬 더 중요한 것이 '독서'라고 이야기를 꺼내게 되었다. 영상, 미디어 노출이나 태블릿, PC 게임 등의 노출의 부작용을 우려하는 분들을 안심시키기 위해 독서 습관이 잡힌 현서는 미디어 중독에 빠지지 않았다는 것을 설명하기 위해서였다. 물론 그 외에 그림 그리기, 글쓰기, 피아노 치기, 인라인

스케이트 타기, 친구와 놀이터에서 놀기 등 현서한테는 재미있는 것들이 너무나 많다. 세상에 재미있고 할 것이 많은 현서한테는 미디어나 게임도 그저 재미있는 여러 활동 중 하나일 뿐이었던 것이다.

현서 엄마, 아빠의 교육 철학
1. 자존감 - 사랑, 성취감(Small Success), 끈기/회복력(Grit)
2. 독서 - 문해력(Literacy), 학습 능력, 문제 해결, 공감 능력
3. 영어 - 세계와 소통, 다양성 수용(언어, 문화, 사고 방식)

부모의 역할	아이가 가장 좋아하고 잘할 수 있는 것을 찾도록 다양한 경험을 하게 도와주는 것

그리고 그보다 더 중요한 것은 자존감. '현서 아빠표 영어' 유튜브 채널이나 인스타그램에서 현서가 말하는 영상을 본 분이라면 느낄 수 있을 것이다. 현서는 영어를 잘하는 것 뿐만 아니라, 말하는 내용들을 들어봐도 나이에 비해 아는 것도 많고 자기 자신만의 주관이 뚜렷하게 잘 정리되어 있다는 것을. 이 모두가 꾸준한 독서와 현서의 자존감을 길러 주는 현서 엄마, 아빠의 양육 방식의 결과라고 생각한다. 너무 고맙게도 현서는 엄마, 아빠가 세운 교육 철학의 우선순위에 맞게 아주 잘 자라 줬다.

이렇게 교육 철학이라고 우선순위를 정해서 써 놓으니까 뭔가 그럴싸해 보이지만 사실 어느 부모나 비슷한 생각을 하고 있을 것이다. 첫 라이브 방송에서도 그냥 구두로만 얘기한 것은 특별히 대단한 것이 아니라고 생각했기 때문이었다. 영어 교육 방법과 관련한 중요한 사항들은 발표 자료에 글로 써서 보여 드렸지만 이 교육 철학은 별 생각 없이 짧게 언급만 했던 것이다. 그런데 방송이 끝나고 나서 엄마들의 후기에는 온통 '자존감', '독서', '영어'에 대한 이야기뿐이었다. 많은 엄마들이 같은 생각을 하고 있었지만 실제로 아이들을 키우면서는 다른 것에 더 몰두한 나머지 아이의 자존감이나 독서는 잊고 있었다는 것을 자각하셨나 보다. 영어도 잘하는데, 밝고 자신감까지 넘치는 현서의 모습을 보고 아차 싶은 생각이 들었던 것 같다. 현서는 정말 영어를 유창하게 하면서도 즐기는 모습이 보였고, 틀려도 자신 있게 하는 모습을 보고 현서네 이런 교육 철학에 더 큰 공감을 한 것이 아닌가 싶다.

모국어로 기반 다지기

많은 전문가들이 공통적으로 하는 이야기 중에 하나가 외국어를 잘하기 위해서는 모국어 기반이 튼튼해야 한다는 것이다. 현서도 가장 먼저 시작했고 가장 많은 시간을 할애한 활동이 책 읽기이다. 미국에서 하는 '유치원 가기 전 1,000권 읽어 주기' 캠페인은 몰랐지만, 엄마는 현서가 6살이 되기 전에 이미 1,000권이 훨씬 넘는 책을 읽어 주었다. 주로 도서관에서 빌려다 읽었고, 도서관에도 읽을 책이 충분하지 않아서 7살부터는 웅진북클럽을 시작했다. 아침에 학교 가기 전까지 매일 30~40분씩 이북을 읽는다. 9살 9월까지 약 2년 동안 완독한 이북의 수만 1,184권이다. 일주일에 한 번씩 도서관에 가서 빌려 보는 책의 수까지 합치면 이보다 훨씬 많을 것이다. 엄마가 일일이 기록한 것은 아니다 보니 언제 시작했는지는 정확하진 않지만, 만 2세가 되기 전부터 책으로 놀기 시작하고 자기 전에는 매일 잠자리 독서를 해 주었다. 그리고 현서가 스스로 책을 고를 수 있을 만큼 자란 후로는 도서관에서 직접 책을 골라 엄마나 아빠가 읽어 주었다. 글자 수가 적은 쉬운 책부터 읽어 주다 보니 한글도 스스로 떼게 되었다.

독서에 빠져 앉은 자리에서 몇십 권

현서의 웅진 북클럽 누적 완독 수

을 쌓아 놓고 탐독을 하는 스타일은 아니었지만, 자기 전에 책을 읽는 것은 자연스러운 의식이 되었고, 주말 아침 일찍 일어나 혼자 마땅히 할 것이 없을 때는 책장에서 좋아하는 책을 꺼내 읽기도 할 만큼 독서 습관은 잘 잡혀 있다. 그 결과는 현서네 인스타그램에서 현서의 말하는 모습을 보면 알 수 있다. 작가가 꿈이라고 말하는 현서가 갑자기 영감이 떠올라 글을 쓰는 경우가 종종 있었는데, 그중 몇 번은 그 과정을 영상에 담아 인스타그램에 올린 적이 있다.

지금도 독서와 영어 둘 중에 하나만 택해야 한다고 하면 단연 독서이다. 영어를 할 줄 안다는 것 자체만으로는 큰 장점을 가질 수 없다. 영어가 중요한 이유는 더 넓은 세상으로 통하는 문의 열쇠와 같기 때문이다. 영어를 했을 때 접할 수 있는 정보의 양은 모국어를 했을 때의 몇십 배에 달하고, 내가 영어를 할 수 있으면 바로바로 원하는 정보를 찾아 학습하고 문제 해결하는 데 활용할 수 있다. 만나는 사람도 다양해지고 다른 문화를 이해하며 다양성을 수용할 수 있는 그릇도 커진다. 하지만 이런 영어 실력도 기본적인 학습 능력, 문제 해결 능력, 공감 능력을 갖추지 못하면 활용의 폭이 작아진다. 그래서 우리말 독서가 영어보다 중요하고 우선시되어야 한다고 생각한다. 독서의 중요성에 대해서는 이미 너무나 잘 알겠지만, 독서가 중요한 이유를 정리해 봤다.

학습 능력

　미국 드라마를 좋아하는 분들이라면 '히어로즈(Heroes)'라는 시리즈를 기억할 것이다. 2006년부터 2010년까지 미국 NBC 방송에서 총 4개의 시리즈를 방영하며 선풍적인 인기를 끌었다. 시즌 1의 23개 에피소드들은 미국에서만 평균 1천4백만 명이 시청을 하며 NBC 드라마 중에서도 역대급의 인기를 누렸다. 그 덕에 한국에서도 인기 있는 미드 중 하나이기도 하다.

　제목에서도 알 수 있는 것처럼 이 드라마는 초능력을 가진 슈퍼히어로들에 대한 이야기이다. 어릴 때 이런 영화들을 보면서 "나에게 초능력을 하나 준다고 하면 어떤 초능력이 가장 좋을까?" 또는 "가장 강력한 초능력은 무엇일까?"에 대한 고민은 한 번쯤 해 봤을 것이다. 서로 다른 다양한 초능력을 가진 슈퍼히어로들이 선악으로 나뉘어 서로 대결을 하며 이야기가 전개된다. 여기서 최고의 악당은 사일로라는 인물이다. 이 캐릭터의 초능력은 상대 히어로를 죽이고 그의 초능력을 자기 것으로 흡수하는 것이다. 상대방의 능력을 단번에 내 것으로 만든다니 얼마나 강력한 초능력인가? 이런 능력을 가질 수 있다면 어떤 초능력이 가장 필요할지는 고민할 필요도 없을 것이다. 그런데 이 다양한 초능력의 비유를 우리 일상에 반영해 보면 가장 강력한 능력 중 하나가 바로 학습 능력이 아닐까 싶다. 필요한 기술이나 지식이 있다면 사일로가 상대의 초능력을 흡수하듯 학습하면 되기 때문이다.

이전 세대에는 대학 때까지 배운 지식과 기술로 평생 먹고 사는 것이 가능했었다. 하지만 요즘처럼 세상이 빨리 변하고 불확실성이 커지는 시대에는 지금 내가 가진 지식과 정보 또는 기술의 수명이 그만큼 짧아질 수밖에 없다. 정말 평생 새로운 것을 배우고 익히지 않으면 경쟁력을 가지고 살아가기가 쉽지 않다. 그렇다 보니 앞으로 학습 능력의 중요성은 더 커지게 될 것이다. 공교육의 목적 중 하나도 사회생활을 하면서 필요한 능력을 배울 수 있는 기반을 닦는 것이다. 지금은 100세 시대이다. 60대에 은퇴를 하고 나서도 40년을 더 살아야 한다. 쌓아 놓은 재산이 많거나 충분한 연금이 나와 일을 하지 않고도 살 수 있으면 너무 좋겠지만, 그럴 수 있는 사람은 그리 많지 않을 것이다. 제2의 인생을 살기 위해서는 새로운 것을 또 배워야 한다. 그래서 요즘은 평생 학습의 중요성도 커지고 있고 이와 관련한 다양한 교육 프로그램들도 생겨나고 있다.

책을 읽으면서 우리는 다양한 학습을 한다. 어릴 때는 엄마가 읽어 주는 이야기책을 통해 새로운 단어나 문장을 학습하며 어휘력이 늘고 사고력도 확장이 된다. 좀 더 자라서는 책을 통해 정보와 지식을 습득하고 내가 모르는 세상에 대해 알아가게 된다. 어른이 되어서는 한 분야의 전문가가 되기 위해서 더 복잡하고 이해하기 어려운 지식서나 전문 서적을 읽으면서 깊이 있는 학습을 하게 된다. 이런 전문 지식뿐만 아니라 사회생활에 필요한 상식도 책을 통해서 학습하게 된다. 그래서 한 국가의 국민 중 글을 읽을 수 있는 국민의 비율을 나타내는 문해력 비율(Literacy Rate)이 국가의 경제 수준을 나타내는 1인당 국민소득과 관계가 있다는 연구 결과는 어렵지 않게 찾을 수 있다.

우리나라 같은 경우는 대학 입시를 위한 공부가 많다. 대학을 입학하거나 사회생활을 시작하면서는 쓸모가 없어지는 지식을 쌓기 위해 어마어마한 시간과 돈을 들여 공부를 하고 있다. 하지만 독서를 통한 학습은 다르다. 자신의 관심사나 필요한 책을 읽는 경우가 대부분이다 보니 생활에 필요한 내용인 경우가 많다. 책을 읽는 동안 읽은 내용을 분석하고 자신의 생각을 정리하며 필요한 정보들을 차곡차곡 쌓아 기억한다. 암기력, 집중력도 좋아지고 창의력도 발달된다. 책을 읽으며 무슨 생각이든 할 수 있고 나만의 세계를 펼치며 어디로든 갈 수 있고, 무엇이든 될 수 있다.

다양한 책을 읽고 이해할 수 있다는 것은 그만큼 학습 능력이 뛰어나다는 것이다. 이는 사회에 나가 어떤 일을 하더라도 남들보다 모르는 것이 있을 때 남들보다 빨리 학습할 수 있다는 것이다. 지금처럼 모든 것이 급변하고 불확실성이 커져가는 사회에서는 이런 학습 능력을 바탕으로 한 문제 해결 능력을 가진 인재들이 주목받을 수밖에 없는 것이다. 정답이 정해진 천편일률적인 지식을 머릿속에 쑤셔 넣듯이 암기하고 시험을 잘 보는 사람들이 인정받는 시대는 이미 저물어 가고 있다. 독서를 통해 길러진 학습 능력은 절대 사라지지도 않는다.

문제 해결 능력

인스타그램을 보면 영어 독서의 중요성에 대해 강조하며 영어 그림 동화책을 소개하는 전문가들이 상당히 많다. 모두 어릴 때부터 영어 책을 읽어 주는 것이 얼마나 중요한지 잘 설명해 주고, 좋은 책도 많이 소개한다. 현재 활동하는 영어 그림 동화책 전문가들도 모두 훌륭하지만, 가장 큰 영향을 끼친 전문가는 조앤영어 연구소 이현주 소장님이다. 노부영으로 유명한 제이와이북스에서 연구소장으로 오랜 기간 재직하였고, 영어독서지도사 과정을 직접 운영하면서 20년 넘게 영어 그림 동화책과 이를 이용한 영어 교육을 연구한 분이다. 소장님과의 인연은 2017년 소장님과 함께 엄마들을 대상으로 '영어 독서의 중요성'이란 주제로 세미나를 하면서부터이다. 사실 그때까지 나는 엄마표 영어 시장이나 영어 그림 동화책 읽기에 대해 거의 알지 못했었다.

로버트 먼치(Robert Munsch) 작가의 'Love You Forever'라는 책을 직접 낭독하며 시작하는 소장님의 첫 세미나는 아직도 인상 깊게 남아 있다. 당시 6살 딸을 둔 아빠였기에 책을 한 장씩 직접 낭독해 주시고, 고운 목소리로 직접 'Love You Forever' 노래를 부르는데 아이를 향한 부모의 마음을 공감하며 울음을 참느라 고생했던 기억이 난다. 소장님 말씀 중에 우리 아이들에게 그림 동화책을 읽어 줘야 하는 이유 중 하나가 문제 해결 능력을 길러 주기 때문이라는 말씀이 너무 와 닿았다. 그 영향을 받아 그때부터 현서한테도 본격적으로 명작 영어 그림 동화책들을 골라 읽어 주기 시작했다. 그 강의 내용을 간추려 보면 다음과 같다.

전 인류가 5,000년 동안 이어 오다 최근 50년 사이에 사라진 전통이 하나 있다고 한다. 그것은 바로 스토리가 있는 저녁. 우리나라뿐 아니라 사람이 사는 곳이라면 전 세계 모든 가정에는 이 시간이 있었을 것이다. 아프리카까지 직접 가서 현지 선생님들에게 영어 독서 지도법 강의도 하고 직접 쓴 영어 그림책으로 아이들이 공부할 수 있는 기회도 제공하였던 소장님은 아프리카의 속담 하나를 소개했다. "When an old man dies, a library burns to the ground."라는 속담이다. '노인 한 사람이 죽는다는 것은 마을에 도서관 하나가 없어지는 것과 같다.'라는 의미이다. TV가 생기기 전에는 전 세계 어디서나 저녁이 되면 할머니, 할아버지가 아이들을 모아 놓고 이야기보따리를 풀어 주는 시간이 있었다. 예부터 내려오는 전래 동화 이야기도 하지만, 아이들은 자기 조상들에게 있었던 사건 하나하나를 이야기로 들으면서 희로애락을 느끼게 된다. 이야기를 통해 조상들의 지혜도 듣고 지식과 과학 정보도 배우게 된다.

그 과정에서 역사도 알게 되고 이를 통해 아이들 스스로 자신이 누구인지 정체성을 알아 가는 것이다. 그러다 자신이 좋아하는 이야기나 인물의 영향을 받아 꿈을 가지게 되는 아이도 생겨난다. 이런 이야기가 있는 저녁 시간을 통해 전쟁이나 재난 등으로 생명이 위태롭고 삶이 힘든 중에도 위로도 받고 안전을 느끼고 자신이 얼마나 사랑받고 소중한 존재인지에 대해서도 알게 된다. 디즈니 영화 〈모아나〉에도 할머니가 마을의 아이들을 모아 놓고 마을의 전설을 이야기해 주는 장면이 나온다. 이야기책에는 사실밖에 없는(Nothing but fact) 교과서나 지식서와 다르게 스토리가 있고, 듣는 이로 하여금 상상의 나래를 펼쳐 가슴을 뛰게 하는 강력한 힘이 있다. 그런데 지금은 이런 이야기가 있는 저녁 시간이 없어졌고, 이를 대신할 수 있는 유일한 것이 동화책, 그림책 읽어 주기라고 강조했다.

모든 이야기책에는 주인공이 등장한다. 그리고 이 주인공에게 어김없이 문제가 발생한다. 이야기는 주인공에게 발생한 문제나 갈등을 해결하는 과정을 그려 나간다. 주인공에게 발생한 문제가 해결이 되어야 비로소 이야기는 끝나는 것이다. 즉 아이들이 그림책

하나를 읽었을 때는 하나의 문제에 대한 해결책을 배우게 된다. 백 권의 책을 읽은 아이는 백 개의 문제에 대한 해결책을 배우게 되는 것이다. 영어 그림 동화책은 말할 것도 없고 독서를 많이 하는 아이들은 다양한 지식과 정보를 알게 되는 것뿐만 아니라, 다양한 관점으로 문제를 보고 창의적인 방법으로 해결할 수 있는 능력을 갖게 되는 것이다.

소장님 강의에서 빠지지 않고 예로 드는 것 중 하나가 미국에서는 하고 있는 '유치원에 보내기 전 1,000권 읽어 주기(1000 Books Before Kindergarten)' 운동이다. 말 그대로 아이가 유치원 가기 전에 부모가 1,000권의 책을 읽어 주는 것이다. 매일 하루 한 권씩 읽어 주면 3년이면 1,095권이 된다. 6살부터 유치원을 간다고 하면 3살부터 읽어 주면 된다. 굉장히 간단하지만 꾸준히 한다고 했을 때 그 효과는 측정하기 어려울 만큼 클 것이다. 아이에게는 자연스럽게 독서 습관이 생길 것이다.

그것만큼 중요한 것이 아이와 부모와의 유대감 형성이라고 한다. 매일매일 즐겁게 책을 읽는 순간은 아이와 부모 모두에게 평생 기억될 소중한 추억이 쌓여 가는 것이다. 가장 중요한 것은 꾸준히 하는 것이다. 그러기 위해 아이들이 이 시간을 즐겨야 한다. 목표를 정하고 그 목표를 이루었을 때 작은 보상을 주면 좋은 동기 부여 요소가 된다. 그래서 이 캠페인의 공식 홈페이지(1000booksbeforekindergarten.org)에 가면 읽은 책의 기록을 남길 수 있는 인쇄 가능한 기록지와 100권 단위로 읽을 때마다 아이에게 줄 수 있는 상장도 인쇄할 수 있다.

구글에서 '1000 books before kindergarten'을 검색해 보면 최상단에는 공식 홈페이지를 볼 수 있고 나머지는 이 캠페인에 동참하는 미국 각 주에서 운영하는 공공 도서관의 홈페이지 링크가 제공된다. 이들 홈페이지에는 이 캠페인에 대한 간략한 소개와 독서 기록지, 100권 완료 상장 같은 리소스를 다운받을 수 있고, 무엇보다 도서관별로 추천하는 1,000권의 책 리스트도 제공된다. 각 도서관별로 기록지와 상장, 추천 도서 리스트가 다르니 관심 있는 분들은 직접 도서관 사이트를 방문하여 원하는 형태의 자료를

홈페이지
바로 가기

1000 books before kindergarten

다운로드하면 된다. 특히, Jefferson Country의 공공 도서관에서는 주별로 나이에 맞는 그림책을 추천해 주는데 '1,000 Books in 52 Weeks'에 0~5세(한국 나이 1~6세) 아이들의 추천 도서를 볼 수 있고, 그 아래 'Explore Staff Picks'에서 6~12세(한국 나이 7~13)세 아이들에 맞는 추천 도서를 볼 수 있다.

독서를 통해 아이들은 자기에게 발생한 문제를 창의적으로 해결할 수 있는 능력이 생긴다. 많이 읽어 줄수록 나중에 꺼내어 쓸 수 있는 해결책이 많아진다. 해결책이 많아지면 문제가 복잡해져도 이들을 창의적으로 조합해 제시할 수 있는 새로운 방법도 많아지게 될 것이다.

공감력

우리 모두에게 공평하게 주어진 것 중 하나가 시간이다. 누구에게나 똑같이 주어진 시간을 어떻게 쓰느냐에 따라 우리 인생은 달라진다. 한 사람이 시간을 어떻게 쓰는지를 보면 그 사람이 인생에서 가장 중요하게 생각하는 가치가 무엇인지도 알 수 있게 된다. 시간을 무한하게 쓸 수 있다면 다양한 삶을 살아 보고 싶은 것이 사람의 마음일 것이다. 내가 해 보고 싶었던 것을 모두 경험한 후 나한테 가장 맞는 삶을 선택하고 살 수 있으면 얼마나 좋을까? 아쉽게도 우리 인생은 한 번뿐이어서 주어진 시간 동안 내가 할 수 있는 직접 경험은 극히 제한적이다. 우리는 살면서 다양한 선택을 해야 하는데, 내가 경험하지 못한 것에 대한 선택을 앞두고 있을 때 경험이 있는 사람의 조언은 큰 힘이 된다. 우리가 중요한 의사 결정을 할 때 가장 신뢰하는 의견은 내가 아는 사람의 경험에서 우러나오는 조언이다. 내가 직접 아는 누군가, 아니면 아는 사람의 지인이 그런 경험을 했다고 하면 그의 경험을 가장 먼저 신뢰하게 되는 것이다. 그만큼 간접 경험도 중요한 것이다. 주변에 그런 사람이 없는 경우 간접 경험을 하는 가장 좋은 방법이 바로 독서가 아닌가 생각한다.

이런 다양한 간접 경험을 주는 책을 통해 얻을 수 있는 것은 단순히 정보와 지식만이 아니다. 오히려 나와는 다른 삶을 살면서 다른 경험을 한 사람의 관점에서 세상을 보게 되고, 그들의 이야기를 통해 나와는 다른 문화, 다른 세계관이나 인생관을 가진 사람들의 입장을 이해하며 다양성을 존중하고 포용할 수 있는, 그릇이 큰 사람이 된다. 내가 알지 못하는 것을 알게 되고, 다른 사람들이 왜 그런 생각을 가지고 관점을 가지게 되었는지 이해하게 되며 상대의 입장을 이해하는 공감 능력이 좋은 사람이 된다. 이런 공감 능력은 좋은 리더가 되기 위해 꼭 필요한 자질 중 하나라고 한다. 이것이 책을 읽어야 하는 가장 큰 이유이기도 하다. 아직 현서는 사람들을 만날 기회가 많지 않아 공감 능력이 얼마나 좋은 아이인지 알 수는 없다. 하지만 평소 책을 읽으며 다양한 생각을 하는 현서가 자신과 입장이 다른 사람을 만나도 이야기를 잘 들어 주고 상대방의 입장을 잘 공감할 수 있는 아이로 자랄 것이라고 기대하고 있다.

모든 것의 시작 - 잠자리 독서

현서네 영어 학습법을 소개하는 책인데 잠자리 독서라는 단어가 더 많이 나오는 것 같다. 정말 현서네 교육에서 잠자리 독서가 차지하는 비중이 높기 때문에 아무리 강조해도 지나치지 않다고 생각한다. 실제로 현서는 우리말도 완벽하지 않던 3살부터 엄마가 매일 잠자리 독서를 해 주었고, 그 습관은 9살이 된 지금까지도 계속되어 자기 전에 책을 읽는 것은 우리 집의 의식이 되었다. 물론 예전만큼 꾸준히, 많은 책을 읽어 주진 못한다. 하지만 어릴 때는 짧은 그림책 3~5권은 거뜬히 읽어 줬다. 잠자리 독서의 장점은 일일이 나열하지 않아도 너무 잘 알 것이다. 그런데 이게 어지간히 귀찮은 것이 아니다. 나만 해도 한 달에 읽어 준 날이 손에 꼽을 만큼 꾸준히 읽어 주기가 쉽지 않다. 하지만 너무나 중요하기 때문에 아직 안 하고 있는 가정이 있다면 왜 안 하고 있는지 고민해 보고, 할 수 있는 환경을 만들어 보기 바란다.

미국 영화나 드라마를 볼 때 자기 전 침실의 모습이 나오는 경우가 종종 있다. 어른들의 침실이 나오는 경우 책을 읽는 부분의 모습은 가끔 보지만, 아이들 침실이 나오는 경우라면 열에 아홉은 부모가 책을 읽어 주면서 아이들을 재우는 모습이 연출된다. 다음에 미국 영화나 드라마를 볼 때 꼭 유심히 보시기 바란다. 엄마, 아빠의 목소리로 읽어 주는 동화 이야기는 아이들의 귀에 세상에서 가장 감미로운 소리 중 하나이다. 아이들은 이야기에 흠뻑 몰입하게 되고 책장을 넘길 때마다 호기심 가득한 눈으로 책과 부모의 눈을 번갈아 본다. 이때 아이들의 표정을 보면 생기가 넘친다. 책을 읽는 동안 부모와 교감을 하며 정서적인 안정도 갖게 된다. 읽은 이야기를 바탕으로 부모와 주고받는 대화를 통해 아이들은 새로운 것을 배우고 사고의 폭을 넓히게 된다. 그리고 이야기가 주는 교훈은 가슴 깊이 새기고 다음 날부터 아이들의 행동에 영향을 미치는 경우도 있다. 모든 이야기에는 갈등, 즉 문제가 발생한다. 주로 주인공에게 발생하는 문제를 해결하는 것이 하나의 이야기의 구조이기 때문에 문제가 어떻게 해결되는지 궁금증을 가지고 집중해 듣게 된다. 이때 아이들의 생각을 물어보는 것도 좋은 방법이다. 어릴 때부터 부모가 직접 책을 읽어 주면 아이와의 관계에도 훨씬 유대감이 생길 뿐만 아니라 상상력이 풍부하고 호기심이 많은 아이로 자라게 될 것이다.

영어보다 정말 중요한 습관은 단연 독서이다. 혹시 아직도 잠자리 독서를 하지 않는 엄마가 있다면 오늘 밤부터 바로 잠자리 독서를 할 것을 강력히 권한다. "어떤 책을 읽어 줘야 하나요?", "몇 분이 적당한가요?", "그러다 아이가 잠을 자지 않으려 하면 어떡하나요?", "불은 끄고 읽어 주셨나요?" 등 궁금한 점이 많겠지만 이런 질문에 대한 답은 아이와 함께 찾아가는 것이 맞다고 생각한다. 아이들의 성향이나 가정마다 잠자리 환경이 모두 다르기 때문에 절대적인 정답은 없다. 중요한 건 아이가 잠자리 독서 시간을 즐길 수 있도록 해 주는 것이다.

다음 영상은 잠자리 독서를 하는 중 현서가 읽은 영어 책의 줄거리를 영어로 설명하는 것이다. 현서가 호기심이 많아서 그런지 문제를 푸는 탐정류의 책이나 영상을 좋아한다. 이 영상도 현서가 좋아하는 'Nate the Great'의 시리즈 중 하나의 이야기를 요약하는 것이다. 이렇게 잠자리 독서가 즐거움이 될 수 있도록 해 주자.

'Nate the Great' 책을 읽고 요약하기

▶ 영상 바로 보기

현서네 잠자리 독서 방법

혹시 도움이 될까 싶어 현서네 잠자리 독서 방법을 공유한다. 그동안의 독서 방법을 기록해 놓지는 못했다. 이 책에 포함하기 위해 현서 엄마가 기억을 되살리며 쓰다 보니 정확하지 않을 수도 있지만, 최대한 구체적으로 쓰려고 노력했다. 현서네 독서 방법은 잠자리 독서나 유아 독서법에 관련된 전문 서적을 보고 한 것이 아니라 잘못된 방법이 포함되어 있을 수도 있으니 이 부분은 감안해서 보면서, 우리 집 환경, 아이의 나이 및 성향 등에 맞는 우리 집만의 방법을 찾기를 바란다.

100일 ~ 12개월

- 첫 시작은 자기 전 자장가 불러 주기(곰 세 마리, 섬 집 아기, 나뭇잎 배, 아기 염소, 노을 등을 특히 좋아함)
- 도서관에 가기 어려워 간단한 책 위주로 구입해서 주로 낮에 아이 컨디션이 좋을 때 읽어 줌(인지 책 – 과일, 동물, 모양, 색깔, 촉각 책 등)
- 책을 보여 주며 사물의 단어나 의미를 소리 내어 반복적으로 읽어 줌
- 팝업북으로 아이가 만져 보고 흥미를 가질 수 있도록 함

13 ～ 15개월

- 글자 수가 적은 전집 구매(차일드아카데미에서 나온 명꼬 까르르) – 세이펜이 가능하고 영어로도 번역되어 나옴
- 책을 읽어 주기보다는 책과 친해질 수 있도록 펼쳐 놓고 같이 놀아 줌

16 ～ 24개월

- 본격적인 잠자리 독서 시작
- 잠자리에 들기 전에 침대에 같이 앉아 조명을 어둡게 하고 아이가 원하는 시간까지 책을 읽어 주거나 같이 놀아 줌
- 현서는 책을 읽다 잠든 경우가 없어 일정 시간(30분 ~ 1시간) 읽어 준 후 재움
- 처음에는 엄마가 책을 정해서 읽어 주었으나 나중에는 현서가 원하는 책 위주로 읽게 됨
- 현서가 좋아하는 책은 50권 중 20권 정도 됨. 좋아하는 책은 권당 100번 이상 읽었음
- 글자 수가 많은 조금 많은 책(전집) 구입

25 ~ 30개월

- 아직 단어 정도 말하는 수준임에도 글을 짚어 가며 읽는 흉내를 자주 냄(읽기에 흥미를 느끼고 읽고 싶은 욕구를 드러냄)
- 스토리가 있고, 공주에 관한 책을 좋아해서 공주책을 많이 보여 줌
- 뽀로로 책도 구입하여 읽어 줌
- 스티커북을 구입해서 단어 익히기 시작함(스티커북을 상당히 많이 함)

31개월 이후

- 아이챌린지 2년간 구독 시작 CD는 수시로 보여 줌
- 아이 스스로 세이펜 찍으면서 읽기도 함
- 도서관에서 일주일에 14권~21권 빌려 읽음
- 잠자리 독서는 이전과 마찬가지 형태로 엄마가 읽어 줌

4살 이후

- 읽는 도중 질문을 많이 하고 때로는 내용보다 그림이나 그 외의 것에 관심을 더 가지는데, 집중 못한다고 혼내지 않고 질문에 답해 주고 계속 읽어 나감
- 종종 아이가 읽기에 흥미가 떨어지는 경우가 있어 이럴 때는

과감히 3~4일 읽기를 쉼 (유아인 경우는 읽기뿐 아니라 모든 학습에 해당됨)

- 반면 읽기에 심취해 있을 때는 부모의 힘이 닿는 데까지 읽어 줌 (이때가 발전 가능성이 가장 높음)
- 스스로 짧은 책을 반복적으로 읽기 시작

5살 이후

- 어느 정도 긴 언어 구사가 가능하고, 아주 간단한 책은 혼자 읽기 시작하지만 대부분 엄마가 읽어 줌 (5살 시작)
- 시공주니어 네버랜드 200권 세계 걸작 그림책 구입 (6살)
- 글자 수가 적은 교재부터 많은 책까지 다양하게 읽음

7살 이후

- 웅진북클럽 시작(6월). 아침에 일어나면 30분 정도 북클럽으로 책 읽기

독서보다 중요한 자존감

아이의 자존감이 최우선

집에서만 영어를 배운 현서가 처음으로 원어민 선생님과 일대일로 대화를 하는 모습은 과연 어땠을까? 인스타그램으로 팔로우를 하신 분이 모 화상 영어 업체의 한 달 체험권을 받았는데, 현서가 한 번 해 보면 좋을 것 같다고 하며 선물로 주었다. 이때가 8살이던 해 7월로 첫 외국인 선생님은 영어가 모국어인 원어민은 아니었지만 영어를 유창하게 구사하는 동유럽 국가의 여자 선생님이었다.

컴퓨터 앞에 앉아서 처음으로 영어로 낯선 외국인 선생님과 대화를 한다는 것이 8살 아이한테 큰 부담일 수도 있어 약간은 걱정이 되었다. 그런데 현서는 전혀 긴장하지 않고 오히려 새로운 경험에 들떠 있는 듯한 모습이었다. 시간이 되어 화상 수업에 들어갔고 곧 선생님도 들어오셔서 인사를 나누었다. 외국인 선생님과의 첫 대면이라 으레 주눅이 들 만도 한데, 현서는 그런 모습은 전혀 없이 대화를 시작했다. 이름, 나이를 묻는 선생님의 질문에 또박또박 대답한다. 현서의 영어 대답을 들은 선생님이 궁금하였는지 어디서 영어를 배웠는지 물었다. 집에서 했다고 현서가 답을 하자, 영어 공부는 누구와 했는지 물었다. 주저 없이 아빠한테 배웠고 이후 영어를 배우는 것이 재미있다고 자랑스럽게 답을 한다.

이런저런 대화가 이어지다 좋아하는 음식이 뭐냐는 선생님의 질문에 떡볶이라고 답을 했다. 떡볶이가 뭔지 알 리 없는 선생님에게 현서는 추가 설명을 해야 했다. 한국의 전통 음식인 떡을 선생님은 모를 것이라며 젤리에 비유해 설명을 해 나간다. 현서가 젤리를 아냐고 묻자 선생님은 약간 기분이 상하신 듯 "당연히 알지!"라고

8살 현서. 원어민과의 첫 대화

▶ 영상 바로 보기

답하고 대화는 계속 이어진다.

이 장면은 현서의 영어 말하기 실력도 보여 주지만 낯선 외국인 선생님 앞에서 완벽하지는 않지만 영어로 대화를 하면서도 전혀 주눅 들지 않는, 자존감이 높은 현서의 모습을 보여 주는 영상이어서 소개하였다.

자존감이 왜 중요한지 부모라면 직간접 체험을 통해 너무나 잘 알 것이다. 자존감을 주제로 다룬 책도 넘쳐 난다. 여기서는 현서를 어떻게 자존감이 강한 아이로 키웠는지 현서네 방법에 대해 이야기해 보려 한다.

지적보다는 칭찬으로

아무리 좋은 책을 읽어도 시간이 흐르면 대부분의 내용이 기억나지 않는다. 하지만 그중에도 잊히지 않고 오래 기억되는 문구나 사례가 종종 있다. 나한테는 말콤 글래드웰의 《아웃라이어》라는 책에 나온 한 사례가 그렇다. 이 글을 읽고 내 아이에게도 이렇게 대해야겠다는 생각을 했다. 제1장에 나오는 '캐나다 하키를 지배하는 철의 법칙' 이야기와 메시지가 그것이다. 캐나다의 로저 반슬리라는 심리학자는 아내와 함께 지역 주니어 하키 리그의 경기를 보게 되었다. 그런데 그의 아내가 우연히 선수들의 명단을 보고 1, 2, 3월생이 월등히 많은 것을 발견했다. 두 부부는 집으로 돌아와 다른 지역 주니어 하키 팀들의 명단도 확인해 봤는데 역시 같은 결과가 나왔다. 이번에는 프로 리그 팀의 명단을 확인했는데 결과는 같았다. 어떤 엘리트 팀의 명단을 봐도 40%는 1~3월, 30%는 4~6월, 20%는 7~9월, 10%는 10~12월의 비율이었다고 한다. 아이들의 생일과 아이스하키를 잘하는 것에는 어떤 상관관계가 있었을까?

이들이 내린 결론은 다음과 같았다. 캐나다의 아이스하키는 유아기부터 연령별로 팀이 운영된다고 한다. 어린아이들은 같은 나이라고 해도 월령에 따라 발육 정도의 차이가 크다. 발육이 조금이라도 더 좋은 아이들은 코치들의 기대와 칭찬을 많이 받게 되고 훈련을 더 많이 하게 된다. 당연히 기회도 더 많이 주어지게 되고 이것이 결국 선순환이 되어 뛰어난 선수로 성장하게 된다는 것이다. 손흥민 선수가 뛰고 있는 영국의 프리미어 리그도 비슷하다. 연령별 선수 선발의 기준이 9월인 영국의 경우도 프리미어 리그에 진출한 선수의 65%가량이 9~11월생이라고 한다. 그 외에도 책에서 몇 가지 사례를 더 소개하고 있다. 《아웃라이어》의 저자가 하고 싶은 말은, 정상에 오르는 아이들이 가장 똑똑하고 재능이 많다는 통념은 잘못되었을 수 있다는 것이다. 재능과 노력도 중요하지만 처음 좋은 출발을 해 이로 이어지는 특별한 기회를 얻어 내기 때문이라는 것이고 이를 '누적적 이득'이라고 설명한다.

이 과정에서 어린 선수들이 코치나 부모의 기대와 칭찬을 받으며 더 좋은 선수로 성장할 수 있었다는 것은 분명하다. 우리 아이들은 기대하고 칭찬하는 만큼 잘하게 된다고 믿는다. 때로는 부모의 맘에 들지 않는 행동을 하기도 하고, 기대에 못 미치는 결과를 보이기도 할 것이다. 그렇다고 부모가 감정적으로 아이의 실수를 지적하는 것은 별 도움이 되지 않는다. 그럼에도 불구하고 믿고 좋은 점을 칭찬해 주는 것이 아이의 자존감을 지켜 주는 것이다.

'피그말리온 효과'로 유명한 로버트 로젠탈(Robert Rosenthal) 교수가 미국의 초등학교 학생들을 대상으로 한 실험에 관한 이야기를 한 번쯤은 들어 봤을 것이다. 1964년 샌프란시스코의 한 초등학교의 학생들을 대상으로 지능 테스트를 했고, 담임 선생님들에게 지능이 높아 수개월간 성적이 오를 것으로 예상되는 학생 20%의 명단을 알려 줬다. 이 학생들은 진짜 상위 20%가 아닌 무작위로 뽑은 학생들이었다. 그런데 수개월 뒤에 실제 이 학생들의 성적은 향상되었다. 교사의 기대가 학습자의 성적 향상에 끼치는 영향을 알아보기 위한 실험이었다.

피그말리온 효과는 긍정적인 기대, 믿음, 관심 등이 그것을 받는 사람들에게도 좋은 효과를 미친다는 이론이다. 우리 아이들이 실수를 하거나 잘못된 행동을 할 때가 있다. 어른들도 마찬가지로 항상 옳은 행동과 판단을 하지 못한다. 하물며 아직 모르는 것이 많은 아이들은 어떨까? 우리 아이들에게 필요한 것은 잘못에 대한 지적이 아니라, 잘한 것에 대한 칭찬이다. 설사 잘못하더라도 지적은 짧게 하고, 더 잘할 수 있다는 칭찬과 기대감을 표현해 주는 것이 중요하다. 아이는 정말 엄마, 아빠가 기대하고 믿는 만큼 자라는 것 같다. 물론 몇 번 말했다고 아이들이 그대로 되지는 않는다. 하지만 부모가 나를 믿고 지지해 준다는 것을 알면 아이들도 본능적으로 부모를 실망시키지 않으려는 노력을 하게 된다.

다음 영상은 현서가 엄마와 수학 공부를 할 때 찍은 영상이다. 집중을 하지 않아 엄마가 싫은 소리를 하는데 듣는 현서가 이 순간을 빨리 모면하고 싶어 하는 것이 느껴진다. 더 잘하고 싶다고 말도 하고 그러려고 노력하는 모습도 보인다. 그리고 이렇게 혼나는 모습을 보여 주기 싫다는 말도 한다. 분명히 자기도 잘못하고 있는

집중을 못한다고
엄마한테 혼나는
현서

▶ 영상 바로 보기

것을 알고 있지만, 엄마가 그걸 지적하고 혼을 내니 견디기 힘든 것
이다. 엄마, 아빠한테 좋은 모습만 보여 주고, 인정받고, 사랑받고
싶은 것이 아이들의 기본적인 욕구이다. 하지만 아이 안의 또 다른
욕구는 자꾸 잘못된 행동을 하도록 만들기 때문에, 아이들도 그것
과 매순간 싸우고 있는 것이다. 잘하고 싶어도 잘 안 되는데 엄마한
테 혼까지 나니 얼마나 힘들겠는가? 엄마가 안 믿어 주면 누가 우
리 아이들이 잘할 수 있다고 믿어 줄 수 있을까? 따지고 보면 그리
못하는 것이 아닐 수도 있다. 엄마의 기대가 커서 그럴 수도 있다.
우리도 잊고 있을 뿐이지 어릴 때는 분명 다 그러했을 것이다. 그
러니 아이가 맘에 안 드는 행동을 해도 지적보다는 칭찬해 주고
또 믿어 주자. 아이들은 자기로 인해 엄마와 아빠를 행복하게 할
때 자존감이 향상된다.

다음 영상은 임강모 교수님과 'Creative Writing' 수업을 하

칭찬의 신 임강모
교수님과의 수업

▶ 영상 바로 보기

는 현서의 모습이다. 임강모 교수님은 정말 칭찬의 최고수이다. 8살 현서에게 낯선 교수님과 함께하는 첫 쓰기 수업이 쉬웠을 리가 없다. 하지만 뭐든지 잘한다고 칭찬을 하고, 이야기도 잘 들어 주는 교수님의 지도를 받으며 하나씩 잘 배워 나갔다. 그렇다고 현서의 수업 태도가 만점짜리는 아니다. 8살 아이답게 가만히 있지 못하고 다소 산만해 보이기도 한다. 하지만 교수님은 현서가 잘하는 모습에 집중하고 끊임없이 칭찬해 주었다. 그래서 현서는 매번 수업이 끝나고 집으로 돌아오는 길에 빨리 다음 주가 와서 교수님과 수업을 했으면 좋겠다고 얘기했었다. 그리고 교수님의 칭찬을 받고 기대에 부응하기 위해 스스로도 더 잘하겠다는 다짐을 했던 것이다. 칭찬은 이렇게 여러 가지 긍정적인 효과를 가져다준다.

끈기(Grit) 그리고 성취감(Small Success)

현서의 자존감을 높이기 위해 가장 신경 썼던 부분이 끈기와 성취감이다. 지적을 하지 않고 칭찬을 하는 것도 결국은 이 두 가지 때문이다. 우리말로는 끈기, 근성 또는 투지라고 할 수 있는 'Grit'은 앤젤라 더크워스(Angela Lee Duckworth)가 그녀의 책에서 언급하면서 큰 화제가 되었다. 즉 'Grit'의 핵심은 실패해도 낙담하지 않고 인내와 열정을 가지고 끝까지 노력하는 것이다. 선천적으로 타고나는 IQ 같은 재능에 비해 'Grit'은 후천적인 노력에 의해 기를 수 있다고 한다. 자신이 좋아하는 것을 할 때는 끈기가 더 생긴다. 반대로 선생님이나 부모가 시켜서 하는 일이라면 실패했을 때 쉽게 포기할 가능성이 크다.

하지만 스스로 선택해서 하는 일이라면 실패하더라도 훌훌 털고 일어나 다시 달릴 수 있다. 현서가 하는 것들은 대부분 현서가 좋아해서, 직접 선택해서 시작한 것들이다. 물론 엄마, 아빠가 현서가 좋아하도록 유도하는 경우도 있긴 하다. 싫은데 억지로 시켜서 하는 것들은 모두 잘되지 않았다. 엄마나 아빠가 더 강요를 해서 꾸역꾸역 잘하도록 할 수도 있었지만, 그럴 만한 가치가 있는 것들은 별로 없었다. 틀리거나 못해도 괜찮다고 계속 이야기해 준다. 처음 하는 것은 누구나 그렇다고 위로해 준다. 실패하는 것에 대한 두려움을 없애 주기 위해서이다. 자꾸 못한다고 소리치거나 핀잔을 주면 잘할 수도 있다. 하지만 아이의 마음속에는 오기와 화만 생기게 된다. 엄마가 시켜서 하긴 하지만 그렇지 않다면 죽어도 스스로 하는 일은 없을 것이다.

현서가 영어를 밝고 자신감 있게 하는 이유 중 하나는 스스로 잘한다는 성취감을 가지고 있기 때문일 것이다. 그럼 현서는 영어를 시작한 처음부터 잘했을까? 절대 그렇지 않다. 수차례 언급했던 것처럼 3년 동안은 아무런 아웃풋이 없었다. 그러다 어느 순간 입이 트였고, 그때마다 엄마, 아빠가 잘한다고 칭찬 세례를 해 주었다. 그러니 본인이 정말 잘하는 줄 알게 되었고 실제로 잘하게 되었다. 만약 현서에게 어려운 책을 읽게 하거나, 어려운 단어를 암기하도록 하거나, 어려운 문제를 풀도록 시켰으면 그런 작은 성취감을 느끼지 못했을 것이다.

절대 한 번에 되는 것은 없다. 아이들에게도 작은 성취(Small Success)를 통해 자신감 가지도록 하고, 자존감을 높여 주는 것이 정말 중요하다. 진도를 빨리 나가고 어려운 책을 읽는 것이 중요한 것이 아니다. 아이가 정말 영어를 즐길 수 있고 좋아하도록, 그러면서 조금씩 영어 실력이 늘고 있다는 성취감을 느낄 수 있도록 해 주는 것이 무엇보다 중요하다. 모든 공부는 혼자 하는 시간이 가장 중요하다. 강의를 듣거나 선생님 또는 엄마와 같이 공부하는 것도 중요하지만 이것을 가지고 얼마나 많은 시간 혼자 공부하느냐에 따라 실력이 달라진다. 이렇게 공부할 때도 너무 어렵지 않게 차근차근 하는 것이 중요하다.

게임에서 이런 작은 성취감을 이용해 중독되도록 만든다. 이를 게이미피케이션(Gamification)이라고 하는데 뭔가 달성을 할 때마다 포인트나 배지를 주고, 업그레이드나 레벨 업을 시켜 주고, 다른 사람들과 비교해 우위에 있다는 것을 보여 주어 더 빠지도록 만든다. 교육에도 이런 게이미피케이션을 적용한 경우가 많다. 앞서 소개했던 현서가 사용했던 웅진빅박스, EPIC, 호두잉글리시 모두 이 게이미피케이션을 이용한 교육 콘텐츠이고, 현서는 이들의 덕을 톡톡히 봤다. 사람들이 이런 게임에 중독되는 이유는 이런 성취에 대한 보상이 즉각적으로 이루어지기 때문이다. 엄마들도 아이들이 뭔가를 달성했을 때 칭찬도 좋지만 바로바로 그에 합당한 보상을 해 주는 것도 좋은 방법이다. 아래 영상은 현서가 호두잉글리시를 하면서 보상을 받는 영상이다.

현서의 지난 7년 연대기

오른쪽 표는 지금의 현서의 모습이 있기까지 3살 이후 현서가 했던 주요 학습과 활동들을 기록한 표이다. 6살까지 어린이집과 방과 후 활동 외에 돈을 들이고 한 사교육은 아이챌린지 학습지와 방

신나게
호두잉글리시를
하는 현서

▶ 영상 바로 보기

문 미술 6개월이 전부이다. 그 외에는 모두 집에서 엄마와 책을 읽고, 영어 영상을 보는 등 놀이하듯 학습을 했다. 7살에 시작한 호두잉글리시가 처음 돈을 주고 산 영어 학습 제품이고 너무나 큰 효

나이	활동	세부 내용
3살	잠자리 독서 시작(한글 동화책)	매일 자기 전 30분
4살	일일 학습지(아이챌린지)	유일하게 했던 학습지(영어 포함 2년)
	방문 미술 놀이	주 1회 30분, 6개월
	미디어 노출	미키마우스 클럽 하우스 / 뽀로로(한국어, 영어)
5살	영어 영상 노출 시작(웅진빅박스)	Super Simple Song / Peppa Pig / Cailllou
	발레	어린이집 방과 후, 주 1회
6살	디즈니 영화 반복 보기(자막/더빙)	인사이드 아웃 / 빅히어로 / 마이 리틀 포니
	인라인스케이트 시작	활동적인 성향 / 운동도 중요
7살	영어 발화 시작(호두잉글리시)	영상 노출과 함께 - Cookieswirl C / 드래곤 길들이기
	웅진북클럽 시작	2020년 9월까지 누적 완독 1153권 (매일 아침 40분)
8살	방과 후 (음악, 줄넘기, 독서, 논술, 바이올린)	사교육비 최소화
	영어 책 읽기 - ORT 퓨처팩	읽기를 강화하기 위해 시작
	수영	물을 너무 좋아함 / 주 3회 레슨
	피아노 학원 시작	집에서 앱으로 1년 하다가 시작
9살	웅진스마트올 시작	전 과목 매일 학습
	화상 영어 시작	주 2회 30분씩 북미 원어민 선생님 수업

과를 봤다. 도서관에서 책을 빌려 보는 것에 한계를 느껴 웅진북클럽을 시작한 것도 7살 6월부터이다. 영어 책 읽기가 좀 부족하다 싶어 레벨별로 시리즈가 갖추어진 리딩앤 ORT 퓨처팩을 8살부터 시작했다. 8살에는 초등학교에 입학하면서 가능한 방과 후 수업은 모두 신청해서 받았다. 현서가 다닌 학원은 피아노와 미술 학원이 전부이다. 피아노는 앱으로 집에서 1년 정도 하다가 8살부터 학원을 다니기 시작했다. 이렇게 현서는 학원에 많이 의지하지 않고 대부분의 학습을 집에서 엄마, 아빠와 했다. 그래서 코로나로 일상의 큰 변화가 있었을 때도 그 충격이 크지 않았다.

현서의 지난 7년은 사교육에 크게 의지하지 않고 잘 키워 왔다. 학원이나 사교육이 나쁘다고 생각해서 그랬던 것은 절대 아니다. 훌륭한 선생님들도 많이 계시고 그 분야에서는 유명한 전문가들의 도움을 받을 수 있어 공교육에서 채워 주지 못하는 부분을 보충하기에 필요하다. 다만 집에서 엄마, 아빠가 해 줄 수 있는 것들은 직접 하는 것이 좋다고 생각했다. 아직까지는 독서나 영어, 그림 그리기 등을 주로 했고, 이런 것들은 엄마, 아빠가 조금만 노력하면 충분히 좋은 방법들을 찾을 수 있기 때문이다.

다만 최근에 현서의 영어 말하기 실력이 정체기인듯 하여, 원어민 선생님과 소통하며 배우는 것이 필요하다고 느끼게 되었다. 그래서 화상 영어를 시작했다. 이런 것은 부모가 해결해 줄 수 없는 부분이라 도움을 받는 것이 맞다고 생각했다. 사교육, 학원은 절대 하면 안 된다는 것은 아니다. 대신 현서한테 가장 적합하고 비용도 적당한 방법을 고민하다 북미권 원어민 선생님과 하는 것이 좋겠다고 결정을 하고, 이런 서비스를 하는 업체들을 비교해 보고 최종 선택을 한 것이다.

앞으로도 현서가 배우고 싶은 것들이 있다면 우선은 엄마, 아빠가 집에서도 해 줄 수 있는지 다양한 방법을 찾아볼 것이다. 지금은 인터넷에서 잘 찾아보면 너무나 좋은 자료와 학습 서비스가 넘친다. 현서도 유튜브를 활용해 그림 그리기, 애니메이션 만들기, 영상 편집하기, DIY 만들기 등을 배운다.

현서가 자신의 꿈을 이루기 위해 하고 싶어 하는 것들에 집중할 수 있도록 도와주고 싶다. 이렇게 하는 이유는 현서가 왕성하게 사회 활동을 하게 될 20, 30년 후에는 더 이상 학력이 최고의 경쟁력이 될 수 없을 거라는 확신 때문이다. 현서처럼 영화감독이나 작가가 꿈이라면 중고등학교 때부터 학교 밖에서도 얼마든지 의미 있는 학습을 할 수 있다. 직접 글을 써서 블로그에 올리면서 사람들의 반응을 보거나, 직접 기획한 영상을 촬영하고 편집해 유튜브에 올리는 활동을 할 수도 있다. 하고 싶은 것, 잘하는 것만 명확하다면 거기에 집중해 개인화 학습을 할 수 있는 환경이 갖춰지고 있는 것이다.

인스타그램에서 아빠가 현서와
잘 놀아 주고 교육에도 같이 참여하는 모습을 보면서
현서와 엄마는 참 복을 많이 받았다며
부러워하는 엄마들도 있는 듯하다.
사진이나 영상에 보이는 모습만 보면
그렇게 생각할 수도 있다.

.
.
.

6장

20년을 내다본
아빠표 교육

현서네 교육 방법의 시작

아빠의 늦깎이 해외 유학

인스타그램에서 아빠가 현서와 잘 놀아 주고 교육에도 같이 참여하는 모습을 보면서 현서와 엄마는 참 복을 많이 받았다며 부러워하는 엄마들도 있는 듯하다. 사진이나 영상에 보이는 모습만 보면 그렇게 생각할 수도 있다. 하지만 날이 갈수록 아빠를 볼 때 얼굴에 미소가 없어지는 현서 엄마를 보면 정작 본인은 그렇게 생각하지 않는 듯하다. 내가 유난히 아이 교육에 관심을 가지고 아이와 엄마를 위해 많은 시간을 쏟는 가장 큰 이유는 평생 갚아야 할 빚을 졌기 때문이다. 그 빚은 앞에서도 몇 번 언급한 홀로 다녀온 해외 유학이다.

현서가 태어난 2012년에 나는 영어 교재 출판사에서 일을 하고 있었다. 영어 교육 업계에서 일을 하고 있었지만 영어나 교육을 체계적인 학문으로 배운 적은 없었다. 그러다 우리나라 스마트 교육의 미래에 대해 소개하는 영상을 보게 되었다. 이 영상은 21세기에 맞는 미래형 인재를 길러 내기 세계 각국의 교육부에서는 어떻게 준비하고 있는지를 소개하기 위해 OECD에서 제작한 시리즈 영상 중 대한민국의 스마트 교육에 대한 영상이다. 유튜브에서 'Korea - Strong Performers and Successful Reformers in Education'로 검색하면 볼 수 있다. 주 내용은 현재의 획일적이고 표준화된 교육의 문제를 개선하기 위해, ICT를 활용해 다양화된, 창의성에 기반한 학습으로 전환을 하고 있고 그 계획 중 하나인 디지털 교과서를 소개하는 것이었다.

영상을 보며 앞으로 나아가야 할 올바른 방향이라고 생각했고, 이 분야에서는 전문가가 되고 싶다는 생각을 하게 되었다. 회사에서 디지털 콘텐츠 개발 기획 업무를 하고 있었고, 디지털 교재에 대한 관심과 요구가 커지던 시기였다. 컴퓨터공학 전공에 영어를 가르친 경험도 있었고 영어 교육 콘텐츠 및 서비스 개발을 하던 중이었기 때문에 ICT를 활용한 미래 교육에 대한 지식이 있다면 앞으로의 경력에도 큰 도움이 되겠다는 생각을 하게 된 것이다. 논문 주제도 영어 디지털 교과서 개발로 정해 놓고 시작했다.

현서 엄마 입장에서는 나보다 더 어려운 결정이었을 것이다. 아빠야 하고 싶던 공부를 하러 가는 것이라 그런 결정을 했다고 하지만 엄마는 남편을 보내고 홀로 두 살 딸아이와 살아야 한다. 집 장만을 하려고 결혼 후 6년간 알뜰살뜰 모아 놓은 자금도 학비와 유학 생활비로 써야 한다. 회사를 다니며 또박또박 통장에 꽂히던 월급도 1년 동안 끊긴다. 남편의 말만 믿고 이 모든 것을 감당해야 하는 너무나 큰 결정을 해 준 것이다. 나로서는 현서와 엄마한테 이런 큰 빚을 졌으니 평생 그 빚을 갚으며 살겠다는 결심을 했고 지금은 빚 갚기를 열심히 실천하고 있는 것이다. 그러니 현서 엄마가 큰 복을 받았다고 부러워할 필요는 없다. 그런 어려운 결정을 하고 희생해 준 것에 대한 보답을 받고 있는 것이다.

유학을 통해 얻은 것

해외 유학을 다녀와서 든 생각을 정리해 보면 이렇다. 지금도 나름 꾸준히 새로운 것을 찾고 있고 다양한 분야의 전문 지식을 배우고 있지만, 앞으로는 이를 위해 대학에 가진 않을 것 같다. 이제는 굳이 그럴 필요가 없어졌기 때문이다.

1년의 석사 과정에서 두 학기는 학교 기숙사에 살면서 한 학기당 4개 과목의 수업을 받았다. 하지만 2학기를 마친 후에는 제주도로 돌아와 도립 도서관에서 논문을 썼다. 논문을 쓰기 위해 가장 많은 시간을 들이는 것이 이전 연구 자료들을 포함한 다양한 정보 수집이다. 예전에는 이를 위해 학교 도서관을 이용하지 않으면 논문을 쓸 수가 없었다. 하지만 이제는 학교 도서관에 로그인하면 거의 모든 학술자료를 열람 및 다운로드가 가능해졌다. 물리적으로 학교 도서관에 있지 않아도 모든 자료의 열람이 가능했던 것이다. 그때 읽었던 연구 자료들도 이제는 언제 어디서나 접근이 가능하다. 물론 비용이 좀 들겠지만 뭘 알고 싶은지 주제만 잘 정하면 그와 관련된 정보를 얻는 것은 너무나 쉬운 세상이 되었다. 전통적인 학문을 배우는 것이야 대학에서 배우면서 연구를 하는 것이 의미가 있겠지만, 회사나 산업에서 필요한 새로운 정보와 지식을 배우는 것은 지금은 굳이 대학이 아니어도 배울 수 있는 방법이 점점 많아지고 있다. 앞으로 대학의 권위는 이전보다 빠른 속도로 줄어들 것이라고 많은 전문가들이 전망한다.

　석사 과정 이후로 미래 교육이 추구하는 방향과 필요한 변화, 그리고 미래에는 어떤 인재들이 필요할지에 대해 알게 되었고 꾸준히 관심을 가지고 지켜보게 되었다. 회사에서도 이와 관련된 일을 기획하고 개발했었지만 생각만큼 큰 성과가 나진 않았다. 대신 내 아이 교육은 그 방향에 맞추어 전혀 두려움 없이 기존 방식을 탈피할 수 있게 되었다. 미디어나 ICT에 어릴 때부터 노출해 주는 것이 오히려 필요하다는 생각을 하게 된 것이다. 덕분에 지금은 현서가 밝게 영어를 하게 되었고, 나도 이렇게 책까지 쓰게 되었다. 지금과 같은 교육 방법을 계속 유지하면 앞으로 어떻게 될지 기대도 되고 그만큼 걱정이 되는 것도 사실이다. 9살까지의 현서는 아빠가 생각하는 방향에 맞게 잘 자라 줬지만 앞으로도 그렇다고는 섣불리 확신할 수 없기 때문이다. 더구나 딸의 미래가 달린 중요한 사안이라 부모로서 느끼는 책임감은 너무나 크다.

이번 장에서 다룰 내용들은 앞으로 미래 교육이 어떻게 변할 것으로 전문가들이 보고 있는지, 미래의 인재는 어떤 능력을 필요로 하는지, 그래서 현서는 어떻게 키우고, 앞으로 어떻게 교육을 시킬 것인지에 대해 자세히 설명을 하려 한다. 미래 인재 교육 방법들을 이미 알고 있는 분들도 있겠지만, 실제로 뭘 해야 하는지 구체적인 방법을 모르거나, 공교육과 사교육 모두 입시에 초점을 맞춘 우리나라의 현실과는 약간 동떨어져 있어 실행을 하지 못하는 분들도 있을 것이다. 현서네도 아직은 시작 단계이고 이상과 현실 사이에서 어떻게 균형을 잡아야 할지 조금씩 찾아 가는 중이다 보니 아직은 부족하다. 하지만 확실한 건 현서와 함께 길을 찾아 가는 이 시간이 너무 즐겁고 앞으로 같이 하면서 행복한 학습자가 된 딸의 모습을 지켜 줄 것이라는 것이다.

아래 영상은 현서에게 'Creative Writing' 수업을 해 주었던 임강모 교수님이 현서가 어떤 학습자인지에 대해서 인터뷰하는 것을 찍은 영상이다. 교수님께서 말씀하시는 현서라는 학습자가 아빠가 기대했던 모습이어서 참으로 뿌듯했던 기억이 난다.

교수님,
현서는 어떤
학습자인가요?

▶ 영상 바로 보기

교육의 변화, 우리가 할 것은?

인쇄기 발명 VS 인터넷/스마트폰 발명

인류 역사상 가장 위대한 발명품은 무엇일까? 사람들이 보통 떠올리는 것은 전기, 바퀴, 나침반, 전구, 자동차, 전화기 등일 것이다. 구글에서 영어로 'The greatest inventions'라고 검색하면 다양한 과학 잡지나 언론사에서 선정한 인류 역사상 가장 위대한 발명품의 리스트들을 찾을 수 있을 것이다. 그중에서 우리에게도 익숙한 〈내셔널지오그래픽(National Geographic)〉과 〈히스토리(History)〉에서 선정한 발명품들 중 1위는 인쇄기(Printing Press)이다. 이들은 왜 하필 인쇄기를 가장 위대한 발명품 1위로 선정했을까? 인쇄기 발명 전과 후의 인류 문명의 발전 속도를 비교해 보면 답을 알 수 있다.

인쇄기는 1450년 독일의 요하네스 구텐베르크(Johannes Gutenberg)에 의해 발명되었고, 1500년경에는 전 유럽에서 사용될 만큼 빠르게 확산되었다. 인쇄기 발명 이전이라고 책이 없었던 것은 아니지만 그 전에는 사람이 일일이 필사를 하고 삽화를 그려 넣어야 했으므로 출판되는 책의 수가 극히 적었다. 그래서 책은 소수 특권층의 전유물에 지나지 않았다. 인쇄기가 발명되기 전에는 하루에 한 사람이 겨우 수십 페이지밖에 쓸 수 없었지만, 새로운 인쇄술로는 하루 3,600페이지를 인쇄할 수 있게 되었다. 인쇄술이 서유럽 전역으로 퍼져 나간 15세기 말까지 출판된 책의 수는 2,000만 권이었고, 16세기 말까지 출판된 책의 수는 1억 5천에서 2억 권에 이를 정도로 인쇄술은 급속도로 발전하게 된다.

당시 유럽의 지배 세력이었던 왕족과 성직자들은 성경과 지식(Knowledge)을 독점하고 통제하며 자신들의 기득권을 유지할 수 있었다. 글을 읽거나 쓸 수 있는 사람의 수는 극히 적었으며 과학, 철학, 종교와 관련된 고급 지식들은 라틴어로 기록되어 있어 대중들이 이런 지식을 접하는 것은 불가능했다. 인쇄기의 발명은 이러한 당시 유럽의 환경을 완전히 바꾸는 계기가 된다. 인쇄기 발명 50~60년 만에, 교회법(canon) 전체를 비롯한 다양한 책들이 출판되어 유럽 전역으로 퍼져 나가게 되면서 많은 정보와 아이디어가 대중 사이에 순환되었고, 이로 인해 많은 학자들은 커뮤니티를 형성해 더 편하게 그들의 발견과 의견을 공유할 수 있게 되면서 과학 발전은 물론 현대의 지식 기반 경제(Knowledge-based economy)와 대중 교육(learning to the masses) 확산의 밑거름이 되어 지식 민주화(Democratization of knowledge)의 가장 중요한 발판이 된다. 이러한 인쇄 혁명(Printing Revolution)이 대중매체(Mass Communication) 시대를 열었고, 당시의 발전해 가던 경제와 함께 르네상스의 확산을 가속화시키는 등 급격한 사회 구조의 변화를 가져오게 된 것이다. 인류에 이런 큰 변화를 가져온 계기가 바로 인쇄기의 발명인 것이다.

그렇다면 우리가 살고 있는 현재로 돌아와 생각해 보자. 인쇄기 발명으로 대중이 지식과 정보에 접근하기 쉬워진 것처럼 인터넷의 발명과 정보 통신 기술의 발달은 이를 능가하는 큰 변화를 가져올 것이다. 온라인 세상에는 그동안은 책에 문자로 기록되었던 인류의 모든 지식과 정보가 오디오나 영상의 형태로도 저장되어 있다. 책보다 접근이나 이해가 쉬운 매체들이다. 지금 세상은 ICT(Information and Communications Technologies) 발달로 인해 사람과 사람, 사람과 기기 또는 기기 간 네트워크가 거미줄처럼 긴밀하게 연결돼 초연결 사회로 빠르게 발전해 가고 있다. 스마트폰만 꺼내면 언제 어디서나 인터넷에 접속해 원하는 정보를 언

을 수 있다. 이제는 많은 지식을 기억하고 있는 것이 아니라, 원하는 정보를 찾아내고 활용할 수 있는 능력이 필요한 시대로 변해 가고 있다. 많은 전문가들은 디지털 혁명으로 표현되는 이런 발전이 15세기에 인쇄기 발명으로 인해 시작된 정보의 민주화만큼이나 우리 사회에 큰 변화를 훨씬 빠른 속도로 가져올 것이라 내다보고 있다.

90년대 중반까지 대학 입시는 학력고사 시대였다. 많은 것을 암기하고 문제를 잘 맞히는 학생들이 우등생이었다. 94년부터 실시된 수학능력시험은 이해하고 암기한 내용들을 활용할 수 있는지 종합적 사고 능력을 테스트하는 시험이었다. 지금 아이들이 자란 시대는 어떨까? 지금보다 훨씬 많은 정보가 쏟아지고 세상은 빠르게 변할 것이다. 천천히 변하는 세상에서는 정답을 아는 경험 많은 사람들이 필요했다. 하지만 불확실성이 점점 커지고 미래를 예측하기가 어려워질수록 빠르게 답을 찾을 수 있는 정보 검색, 이해하는 학습 능력 등이 훨씬 중요해질 것이다.

공교육의 시작

우리나라의 교육 제도는 항상 학부모들의 비판의 대상이었다. 문제를 보완하기 위해 새로운 입시 제도와 이에 맞는 교육 정책을 발표하지만 매번 또 다른 문제를 발생시켜 왔다. 개인적으로는 우리나라 교육 제도 자체의 문제는 아니라고 생각한다. 전쟁 이후 세계 최빈국에서 이제는 경제 강국으로 발전하는 과정에서 교육을 통한 신분 상승이 가능했기 때문이 아닐까 싶다. 열심히 공부해 좋은 대학에 가면 누구에게나 사회 지도층이 될 수 있는 기회가 주어지다 보니, 자식의 교육에 모든 것을 걸다시피 했다. 1인당 국민 소득도 3만 불이 넘고 어느 정도 사회의 안정화가 된 지금은 이전만큼 계층 간의 이동이 활발하게 이루어지지 않는다. 실제로 요즘 젊은 세대들은 대학 졸업장이 성공을 보장하지 못한다는 것을 잘 안다.

공교육의 문제에 대해 지적하고 혁신을 이야기하는 것은 우리나라만이 아니다. 교사의 학력이나 교육 인프라의 질을 봤을 때 우리나라 공교육은 핀란드나 북유럽 몇몇 국가와 함께 세계 최고 수준이다. 다만 지나치게 입시, 성적 위주이고 협동 학습보다 개인의 성적을 더 중요하게 여기다 보니 다른 부작용이 생겨나는 것이 문제다. 미국의 오바마 대통령도 한국의 교육에 대해 몇 차례 언급했을 정도로 우리나라의 교육은 높은 수준에 있다고 생각한다.

기술과 경제가 급속도로 발전해 가는 21세기에 발맞추어 전통적인 교육 방식이 변화해야 한다는 이야기는 전 세계 교육학자들이 오랜 기간 주장해 오고 있다. 그중에서 켄 로빈슨(Ken Robinson)이 'Changing Education Paradigm'이라는 주제로 TED Talk에서 한 강연은 교육자나 학부모 모두가 꼭 알아야 할 사항들에 대해 이야기한다. 그는 평소 교육은 개인화된 학습이 가능하도록 다양한 커리큘럼을 제공해야 하며, 창의적인 교육을 통해 호기심을 자극해야 하고 획일화되고 표준화된 시험은 최소화하고 학습자의 창의력을 깨울 수 있어야 한다고 주장한다.

강연의 내용을 요약해 보면 이렇다. 옛날에는 교육이 개인의 필요에 의해 각자의 비용과 시간을 들여서 하다 보니 왕족, 귀족층에서 주로 이루어졌다. 우리가 아는 공교육 시스템은 19세기 영국 산업 혁명 때 시작되었으며, 공장에서 일을 할 수 있는 노동자 인력을 양성하는 것이 공교육의 목적 중 하나였다. 공장제 대량 생산 체제에서 필요한 기본 자질인 읽기, 쓰기, 셈하기, 그리고 규칙을 준수하고 질서를 유지하는 것을 교육 내용에 포함시켰다. 정부의 세금으로 전 국민에게 무상으로 제공하는 공교육은 이런 사회적, 경제적 요구에 의해 시작된 것이다. 모든 학생들을 효율적으로 가르치기 위해서는 모든 것을 표준화하고 시스템을 체계화할 수밖에 없었다. 그러다 보니 선생님 위주의 학년제가 일반화되고, 교육의 효과를 검증하고 학생들의 평가를 위해 표준화된 주입식 교육을 할 수밖에 없었다. 이런 이유로 지금도 학습자의 창의성을 죽이는 학교 교육이 계속되고 있고, 이제는 패러다임이 바뀌어야 한다는 것이 강연의 주요 내용이다.

이 강연을 언급하는 이유는 공교육에 문제가 있다고 비판하기 위함이 아니다. 공교육을 통해서는 아이에게 맞는 개인화된 학습을 할 수 없다는 것을 이해하기 위해서이다. 이러한 한계를 받아들이고 집에서 부모가 아이의 재능, 관심사, 학습 능력에 맞게 부족한 부분을 해결해 줘야 한다는 것이다. 예전에는 이런 것들이 불가능했다. 하지만 지금은 인터넷을 통해 조금만 검색하면 원하는 것들을 찾을 수 있다. 아이들 역시 학교나 학원, 부모가 공부할 것을 정해 줘야 하는 수동적인 학습자가 되어서는 안 된다. 스스로 찾아서 원하는 것을 학습하는 능동적인 학습자로 키워야 한다. 모든 전문가들이 말하는 자기 주도 학습을 할 수 있어야 하는 것이다.

교육 평론가인 이범 씨의 세바시 강연 중 '한국 학생이 겪는 3대 공부 위기'를 보면서도 깊은 공감을 할 수밖에 없었다. 이범 씨는 한국 학생의 공부에 대한 기술, 동기, 노력 3가지 문제에 대해 이야기한다. 가장 큰 문제로 부모나 선생님이 시키는 대로만 하다 보니 공부의 기술이 부족하다는 것이다. 특히 스스로 공부의 기술을 쌓아야 하는 중학교 시기에 종합반 학원이나 각종 학원을 다니면서 스스로 공부 계획을 세울 필요가 없는 상황에 처하게 된다. 초등학교 때는 기술이 아닌 공부 습관을 쌓아야 하는데, 선행 학습을 하는 학원을 다니면 학교에서 배울 내용을 방학 동안 미리 학습을 한다. 이 내용을 학기 중에 학교에서 한 번, 학원에서 또 한 번 배우게 된다. 그러면 아이들은 같은 내용을 서너 번 또 배울 것을 알고 집중을 하지 않은 습관을 가지게 된다. 남이 하라고 하는 재미없는 공부를 오랜 시간 하면서 무기력증에 빠진 한국 학생들이 너무 안타깝다며 변화가 필요하다 이야기한다.

현서는 아직까지는 자신이 좋아하는 것만 학습하고 있다. 앞으로도 가능하면 그렇게 하고 싶다. 그러면서 정말 자기 주도적인 학습을 할 수 있도록 키우고 싶다. 현서 스스로 어떤 사람이 되고 싶은지 탐구하고, 그것을 이루기 위해서 뭘 하면 되는지 찾아서 학습할 수 있도록. 이미 모든 것이 가능한 환경이 갖추어져 가고 있다.

자신의 꿈을 이룰 수 있을지 고민하는 현서

▶ 영상 바로 보기

21세기 미래 인재 필수 역량

21세기 필수 역량

하루 앞을 예측하기 어려울 정도로 빠르게 변화하며 불확실성이 커지고 있는 세상에서 21세기에 필요한 인재가 되기 위해서 어떤 역량이 필요하고, 학교나 기업에서는 어떤 교육을 해야 하는 지에 대한 연구는 끊임없이 되어 왔다. 유네스코(UNESCO)나 유니세프(UNICEF) 같은 비영리 국제기구부터 세계 경제 포럼(World Economic Forum)이나 'McKinsey & Company' 같은 경제 관련 기관의 연구소 등에서도 다양한 보고서를 통해 미래 인재의 필수 역량에 대한 언급을 한다. 이들을 종합해 공통적으로 이야기하는 미래 인재 필수 역량에 대해 간략히 소개하려 한다.

창의력 - Creativity

창의성은 혁신, 발명을 하거나 문제를 해결할 때 새로운 관점에서 접근할 수 있는 능력을 의미한다. 제조업 중심으로 팔로워(Follower) 전략을 통해 급격한 경제 발전을 이룬 우리나라에 절실히 필요한 미래 인재의 역량이다.

1950년대 전쟁을 겪은 한국은 세계 최빈국이었다. 그런 나라에서 그동안 수많은 일류 기업들이 탄생했다. 자원도 없고, 지리적으로도 고립된 나라에서 경제 발전을 이루기 위해 택한 것은 팔로워 전략이었다. 우리나라의 값싼 노동력과 국민들의 성실함을 바탕으로 미국이나 일본의 전자 제품이나 자동차 제조 기술을 모방하며 이루어 낸 기적 같은 발전이다. 항상 일등만 바라보고 그대로 따라가는 전략을 택했고 이로 인해 단기간에 눈부신 경제 발전을 이루어 냈다.

일부 기업들은 전 세계 1위가 되면서 더 이상 이런 팔로워 전략을 쓸 수 없게 되었다. 혁신을 통해 새로운 길을 만들고 남들이 찾지 못하는 가치를 만들어야 하는 위치에 선 것이다. 이런 혁신에 가장 필요한 것은 창의력이다. 하지만 우리나라의 문화에서는 이런 창의력이 있는 인재를 찾기가 쉽지 않다. 항상 윗사람의 말을 잘 들어야 했고, 남들과 다른 의견을 내면 튄다고 불이익을 당하는 경우가 많았다. 가만히 있으면 중간은 간다는 생각이 팽배해서 내 의견을 말하는 것에 큰 부담을 느낀다. 학교에서도 질문을 하면 칭찬을 받기보다, 너무 나선다고 눈총을 받는다. 창의력 있는 사람은 인정을 받기보다 따돌림을 당하기 쉬운 문화였다.

성공하는 공식이 있고 남이 만들어 놓은 공식대로만 따라 하면 중간은 가는 시대에는 그런 팔로워 전략도 나쁘지 않다. 하지만 우리 아이들이 사는 미래는 너무나 변화가 빨라 불확실성이 커진다. 과거에는 정답을 아는, 혹은 아는 것 같은 사람이 인정을 받았지만, 더 이상 정답이라는 것이 없는 세상이 되어가고 있다. 그래서 창의력이 중요한 역량이 될 거라고 하는 것이다. 남들은 하지 못하는 생각을 해서 새로운 가치를 만들어 내고, 남들과는 다른 관점으로 문제를 바라보고, 평범하지 않은 방법으로 해결할 수 있는 창의적인 인재가 더 필요한 시대가 되어 가고 있는 것이다.

비판적 사고 - Critical Thinking

우리나라는 유교 문화의 영향을 많이 받았다고 한다. 우리 세대만 해도 나라에 충성하고 부모에 효도하는 것을 너무나 당연하게 여기며 자라왔다. 장유유서의 가치도 소중히 여겨 어른을 공경하는 우리의 아름다운 문화가 외국에 소개되는 경우도 종종 보게 된다. 그런데 이런 문화들 때문인지 우리는 권위에 거스르는 말과 행동을 하지 못하기도 한다. 학교에서는 선생님과 선배들의 말은 무조건 따라야 했고 사회에 나와서도 상사나 전문가의 말에는 웬만해선 비판을 하거나 반론을 제기하지 못한다. 남이 다른 의견을 가지고 있으면 논리적이나 이성적으로 반박을 하기보다 자꾸 감정적으로 대립하게 된다. 우리 사회는 비판적인 사고를 할 수 있는 문화가 아니었기에 사람들이 그 방법도 잘 모르고, 이로 인해 오히려 조용히 있을 때 얻는 이득이 많아 비판적 사고는 머릿속으로 혼자만 하게 된다.

하지만 비판 없이 모든 것을 받아들이는 것이 얼마나 위험한 결과를 초래할 수 있는지 우리는 경험을 통해 점점 알게 되었다. 가장 권위가 있다는 TV 뉴스나 각 분야의 전문가도 어떤 의도를 가지고 기사를 쓰는지에 따라 굉장히 왜곡된 지식과 정보를 전달할 수 있다는 것을 경험하고 있다.

지금도 언론사의 기사라면 사실일 거라 생각하고 무조건 믿어버리는 경우가 있다. 예전에는 대중 매체에 나오거나 책을 출판하려면 누구나 인정하는 전문가여야 했다. 하지만 앞으로는 미디어의 발달로 인해 누구나 어렵지 않게 자신의 지식과 경험을 많은 사람들에게 전달할 수 있는 시대가 되었다. 전문가든 비전문가든 이들이 하는 말이 정말 사실에 기반한 것인지, 어떤 숨은 의도가 있는 것은 아닌지 비판적인 사고를 하는 능력이 너무나 중요해졌다.

포털 사이트에서 블로그나 카페가 활성화되던 초기에 자신만 알고 있는 맛집이나 직접 써 본 제품에 대한 솔직한 후기를 올리면서 파워블로거가 되는 경우가 많았다. 이런 블로그나 카페에 대한 관심이 커지면서 더 많은 사람들이 다양한 제품 소개를 하기 시작했고 사람들이 모이자 업체에서는 광고를 목적으로 직간접적으로 이 파워블로거들에게 금전적인 지원을 하며 자신의 제품을 좋게 소개하도록 요청을 하는 경우도 생겨났다. 사람들의 오해를 막기 위해 언젠가부터 제품 소개를 할 때는 업체로부터 지원을 받고 쓰는 후기인지, 내 돈으로 사서 사용하고 쓰는 후기인지 밝히기 시작했다. 유튜브가 생기면서 이런 시장은 훨씬 커졌고 이제는 많은 사람들이 이런 인플루언서들의 숨은 의도도 알게 되었다. 앞으로는 지금보다 훨씬 더 많은 정보들이 생산되고 다양한 관점이 존재하게 될 것이다. 이들의 사실 관계를 따져 보고, 생산자가 어떤 의도가 있는 것은 아닌지 의심해 보는 비판적인 사고 능력은 미래를 살아가는 우리 아이들에게 반드시 필요한 정보이다.

그러려면 아이가 맘에 안 들면 따져 묻고 때로는 반항을 하더라도 찍어 누르듯이 막아서는 안 된다. 아이가 이해할 수 있도록 설명해 주어야 한다. 설명이 귀찮거나 어려워서 "원래 그런 거야.", "왜 이렇게 말이 많아. 잔말 말고 엄마가 시키는 대로 해!"라고 하는 순간 아이는 비판적 사고를 더 이상 하지 않게 될 수도 있다.

의사소통 및 협업 - Communication and Collaboration

유발 하라리가 자신의 책《사피엔스》에서 인류사를 완전 다른 시각으로 바라본 통찰력은 굉장히 흥미로웠다. 그는 현재의 우리 인류는 유인원에서부터 진화를 해 온 것이 아니라고 주장한다. 개가 여러 종이 있는 것처럼, '호모'라고 하는 우리 인간도 호모 에렉투스, 네안데르탈인 등 여러 종이 함께 살고 있었는데, 사피엔스라고 하는 우리 현 인류가 생존에 위협이 되는 경쟁자들을 모두 말살했다는 것이다. 매머드 같은 큰 동물들을 포함해서 말이다. 다른 '호모'들에 비해 육체적으로 열등했던 사피엔스가 언어와 협동이라는 도구를 이용해 다른 종들과의 싸움에서 이겼다는 것이 그의 새로운 이론이었다. 상당히 흥미로운 이론이었는데, 인간의 의사소통(Communication)과 협업(Collaboration) 능력이 얼마나 중요한지 설명하는 좋은 사례라고 생각되어 소개하였다.

인쇄기가 발명된 이후 인류의 지식은 차곡차곡 쌓여 갔다. 더 많은 지식인들이 학문을 쌓아 왔으며 인간들이 연구하는 학문의 범위도 넓어지고 깊이도 훨씬 깊어졌다. 그렇게 몇백 년이 흘러 지금까지 인류가 쌓은 지식은 어마어마하다. 그리고 한 분야의 전문가들도 매우 많다. 하지만 이로 인해 발생하는 문제들이 있다. 처음에 파리에 대해 연구하는 집단이 있었다고 치자. 시간이 흐르면서 지식이 깊어져, 파리의 각 신체 부위에 대한 학문들이 발전한다. 파리 눈, 파리 다리, 파리 날개, 파리 몸통 등에 대한 전문가들이 생겨난다. 문제는 정작 파리 전체에 대해 두루 알거나 다른 곤충이나 동물에 대해서도 해박한 지식이 있어 통합적인 사고를 할 수 있는 사람은 의외로 많지 않다는 것이다. 이러다 보니 의사소통 능력이나 협업 능력이 중요해진다. 복잡성이 커지고 문제가 많이 발생하는 앞으로 사회에서는 전 세계에 있는 다른 전문가들과 원활히 의사소통하며 서로를 존중하고 함께 일할 수 있는 협업 능력을 갖춘 인재를 필요로 하게 될 것이다.

디지털 문해력 - Digital Literacy

'Digital Literacy'와 비슷한 의미를 가진 용어들이 많다. 'Media and Information Literacy'나 'ICT Literacy' 등 정의에 조금씩 차이가 있지만, 종합적으로 판단해 보면 'ICT 기술을 이용해 모든 형태의 정보(information)와 미디어(media) 콘텐츠를 접하고(access), 검색하고(retrieve), 이해하고(understand), 평가한(evaluate) 후, 비판적(critical)이고 윤리적(ethical)이며 효과적(effective)으로 사용(use), 창조(create), 공유(share)할 수 있는 능력'이라 할 수 있다. 한 치 앞을 예측할 수 없을 만큼 변화의 속도가 빠른 미래 사회에서는 새로운 것을 빠르게 학습할 수 있는 능력과 창의적 사고로 문제 해결을 할 수 있는 역량을 갖춘 사람이 인재로 인정받을 것이다. 언제 어디서든 모바일로 모든 지식과 정보를 얻을 수 있는 현재는, 단순한 암기 능력보다 ICT 기술을 활용해 원하는 지식을 찾고 학습하고 이를 활용해 문제를 해결할 수 있는 역량인 'Digital Literacy'가 21세기를 살아 가는 인재의 기본 역량이 되었다.

현서는 모르는 것이 있으면 유튜브에서 검색해 본다. 검색어를 입력할 때도 글을 입력하지 않고 검색창의 마이크 버튼을 눌러 말로 입력한다. 자신이 좋아하는 그림 그리기, 애니메이션, 만들기, 코딩 등 원하는 것은 모두 직접 검색해서 찾아 공부한다. 요즘은 영상 촬영, 편집 등에 대한 것도 유튜브를 찾아 스스로 배우고 자신이 원하는 영상을 만들기도 한다. 이 모든 것들이 예전에는 전문 교육 기관에 가지 않으면 배울 수 없는 것들이었다. 하지만 지금은 집에서도 검색만 조금 해 보면 배울 수 있는 것들이 너무나 많다.

문해력(Literacy)이란 글을 읽을 수 있는 능력이다. 책이 인간의 지식을 담는 유일한 컨테이너였던 시대에는 글을 읽고 학습할 수 있는 능력이 가장 중요했다. 책은 한 개인이나 인류가 쌓아 온 지식과 정보를 담아 전달하는 수단이었고, 그런 면에서 책의 본질도 책 자체가 아니라 그것이 포함하고 있는 지식과 정보이다. 이전에는 구전으로 모든 것을 전달하다 보니 멀리 전파되지도 오래 남지도 않아 축적될 수가 없었는데 책이 생기면서 지식이 쌓이고 문명이 발전한 것이다.

이런 이유로 한 국가의 문해력(글을 읽을 수 있는 국민의 비율)은 그 국가의 경제 수준, 국제 경쟁력과도 밀접하게 연관되어 있다. 이제는 이런 지식과 정보가 책 속에만 있는 것이 아니다. 학교에서 배우는 것을 벗어난 고급 지식과 정보를 마음만 먹으면 누구나 집에서도 접하고 학습할 수 있다. 이런 이유로 'Digital Literacy'는 미래 인재의 필수 역량이 되는 것이다.

사회 정서 학습 - Social Emotional Learning

4차 산업혁명에 대한 얘기가 한참 나오면서 최신 기술과 관련된 기업이나 서비스들에 대한 이야기가 큰 관심을 끌었었다. 세계경제포럼(World Economic Forum)은 2015년에 'New Vision for Education: Unlocking the Potential of Technology'라는 보고서 발표에 이어 2016년에 'New Vision for Education: Fostering Social and Emotional Learning through Technology'라는 제목의 보고서를 발표한다. 이 보고서에서 흥미로운 것은 'Digital Literacy', '4 C's' 등 보다 더 중요한 미래 인재의 역량으로 기술을 통한 사회성과 정서 교육(Social and Emotional Learning)을 꼽았다는 것이다. 자신을 포함한 타인, 즉 인간을 잘 이해하는 인문학적 소양을 바탕으로 한 공감, 의사소통 등 사회 정서 지능이 중요하다고 하는 것은 상당히 흥미롭다.

공장의 모든 생산 라인이 자동화되고, 인공 지능의 발달로 텔레마케터, 세무사, 회계사, 택시 운전사, 심지어 판사, 검사 등의 직업도 사라질 것으로 예상하는 전문가들이 있다. 기술이 발달하면 위험하거나 정확성을 필요로 하는 일, 빠른 계산이나 정보 처리를 요하는 업무, 정보를 수집하고 분석하는 업무나 이와 관련된 직업들은 모두 기계로 대체될 것이라고 한다. 이러다 보니 인간만이 할 수 있는, 타인과의 공감과 소통을 통해 문제 해결을 할 수 있는 능력이 훨씬 더 중요하게 될 것이라는 예측이다.

2004년 개봉한 윌 스미스 주연의 영화 '아이, 로봇(I, Robot)'에서 이 주제를 잘 다루었다. 영화의 배경은 2035년으로 인간형 로봇이 보편화되어 인간과 함께 살아가는 시대이다. 주인공 스푸너는 로봇을 혐오하는 형사다. 차 사고로 강에 빠져 죽을 수밖에 없는 상황에서 강물로 뛰어든 로봇이 옆 차의 열한 살 소녀 대신 확률상 살 수 있는 가능성이 더 높은 자신을 구했기 때문이다. 인간이라면 절대 그런 판단을 하지 않았을 것이다. 로봇이 빠른 연산이나 판단은 하겠지만 감정, 정서, 공감 능력이 없는 기계는 절대 할 수 없는 인간 고유의 특성이 미래의 경쟁력이 될 것이라는 것이다.

미래 교육의 방향은?

학생 중심의 개인화(Personalized) 교육

선생님이 꿈이었던 나는 30대 후반이 되어서야 교육학을 석사 과정으로 공부했다. 이런저런 이론을 보다 가장 훌륭한 교육 방법은 고대 그리스 철학자 소크라테스가 했던 방법이라는 생각이 들었다. 그는 제자들에게 자신이 가지고 있는 지식을 전달하는 것이 교육이라고 생각하지 않았다. 대신 제자들에게 끊임없이 질문을 던져 스스로 무지를 깨달은 후 이에 대한 답을 찾을 수 있도록 도와주는 문답법을 통해 제자들을 교육했다. 자신은 단지 산파처럼 제자들이 고통의 과정을 통해 앎의 즐거움을 깨달을 수 있도록 돕는 역할을 했다.

지금의 교육 제도는 19세기 산업혁명 당시 산업 현장에서 필요한 사람들을 길러 내기 위해 만들어졌다고 한다. 많은 학생들을 한정된 자원으로 가르치려다 보니 개인화(Personalized)된 교육은 꿈도 꿀 수 없었을 것이다. 획일화된 교육 제도에서 저마다 다른 재능을 가지고 있고 관심사나 학습 능력도 다른 학생들을 개인의 능력에 맞게 가르치는 것은 쉽지 않은 일이었다.

ICT(정보 통신 기술)는 고대의 훌륭한 교육 방법을 가능하게 해줄 수 있는 수단이라고 생각한다. 학생들은 자신의 취향과 레벨에 맞게 인터넷에 널려 있는 다양한 정보를 찾아 스스로 학습을 한다. 이런 자료들을 무조건 받아들이는 것이 아니라 비판적인 사고(Critical Thinking)를 통해 평가를 한다. 자신이 학습한 것은 친구들이나 선생님과의 토론을 통해 더욱 발전시켜 나간다. 이를 통해 스스로 어떤 학습자인지 알아 가고 이를 학습에 활용할 수 있는 메타 인지(Meta Cognition) 능력을 키울 수 있도록 해 주는 것이 가능하지 않을까 생각한다.

산업 분야에서는 이미 홍보 마케팅이나 제품 판매 시 고객 개개인의 정보를 최대한 활용한 맞춤 서비스를 시작한 지 오래이다. 예전의 TV나 신문 같은 매스 미디어를 통한 광고는 불특정 다수를 향해 자신의 브랜드나 제품을 홍보했었다. 요즘은 인터넷, 모바일 이용이 일반화되면서 자사 제품의 타깃 고객층을 대상으로만 광고를 할 수 있다. 내가 어떤 신문 기사를 보는지, 유튜브에서 어떤 영상을 보는지를 통해 나의 나이와 직업, 소득 수준 등을 추측하고 거기에 맞는 광고만을 노출시킨다. 고객들 입장에서도 불필요한 광고를 보게 되는 횟수가 줄어들었다.

미국의 '아마존' 같은 쇼핑몰은 한발 더 나아가 고객의 구매 데이터 분석을 통해 다음 구매 가능한 상품과 구매 시기까지 예측해 이에 맞는 상품을 메인 화면에 노출시킨다. 'Stitch Fix'는 온라인으로 개인 스타일링을 서비스하는 회사이다. 고객이 신체 사이즈, 좋아하는 옷의 색과 패턴, 예산 등을 입력하면 여기에 맞는 옷 5벌을 배송해 준다. 옷을 받은 고객은 마음에 드는 옷을 고르고 나머지는 모두 돌려보내면 된다. 이렇게 나에게 맞는 옷을 전문 스타일리스트가 골라 보내 주는 서비스이다. 온라인으로 옷을 구매할 때 구매 후 입어 보고 마음에 들지 않아 반품하는 경우가 많아 불편함을 겪었던 고객들의 니즈를 잘 파악한 개인 맞춤 서비스이다.

이 모두가 기술의 발전으로 가능한 서비스들이다. 교육에서도 기술을 활용한 개인화 맞춤 학습이 가능할 것이다. 과목 선택, 학습 방법, 학습 속도 등 모든 것이 학생에 맞추어 제공될 것이다. 한 선생님이 많은 학생을 관리할 때는 절대 가능하지 않았다. 우리나라에서도 거꾸로 교실(Flipped-classroom)이 한참 주목을 받았다. 학생들이 집에서 미리 선생님의 강의를 영상으로 보고 교실에서는 친구들과 같이 모둠 학습을 하거나 문제를 풀며 수업을 하는 방식이다. 이 수업 방식은 한 교실에서도 수준이 다른 학생들이 각자의 실력에 맞춰 학습을 할 수 있도록 하는 학생 중심 수업 방식 중 하나이다. 교실에서 선생님 역할은 더 이상 강의자(Lecturer)가 아니라 학생들의 질문에 답하며 학습을 돕는 조력자(Facilitator)로 바뀌는 것이다.

미국에서 시작된 이 새로운 수업 방식에 가장 큰 공헌을 한 사람 중 한 명으로 '칸 아카데미(Khan Academy)'의 설립자 살만 칸(Salman Khan)을 꼽는다. 멀리 떨어져 사는 조카에게 수학 과외를 할 목적으로 만들어 유튜브에 올린 수학 교육 영상의 조회 수가 많아지자 칸 아카데미라는 웹사이트를 만들어 무료로 서비스를 하고 있다. 마이크로소프트의 창업자 빌 게이츠는 칸 아카데미를 자신의 자식들도 좋아하는 가장 혁신적인 교육 서비스라고 언급했다. 현재 칸 아카데미는 빌 게이츠와 구글을 비롯한 많은 단체와 기업으로부터 기부금을 받아 비영리 교육 단체로 운영되고 있다.

칸 아카데미에서 강조하는 교육 방식 중 하나는 '당신의 속도에 맞게 배우세요'이다. 기존 학교 교육에서는 학습자 개개인의 학습 속도는 무시되고 정해진 진도에 따라 수업을 진행했다. 반대로 칸 아카데미에서는 학습자가 자신의 속도에 맞추어서 한 과정을 완전히 이해한 후 다음 진도로 나가는 학습 방식을 지향하고 있다.

현서의 개인화 교육

이렇게 미래 교육은 점점 학생 개개인의 재능, 성향, 학습 능력 등에 맞게 개인화가 되어 가고 있다. 입시를 위해 필요한 표준화된 시험만으로 학생을 평가하는 경우는 점점 줄어들 것이다. 현서네는 이에 맞추어 집에서도 다양한 학습을 하고 있다. 칸 아카데미를 이용해 수학도 했었고, 'Hour of Coding' 과정으로 코딩도 배웠다. 코딩은 아이들이 논리적인 사고를 하는 데 큰 도움이 된다고 한다. 코딩 교육이 꼭 필요한 이유 중 하나는 문제를 해결하는 방법을 아이들이 배울 수 있다는 것이다. 처음에는 도저히 해결이 어려울 것 같은 큰 문제도 잘게 쪼개어 하나씩 하다 보면 결국 해결이 된다. 코딩을 하는 과정이 그렇다. 다음 영상은 현서가 칸 아카데미에서 코딩을 배우는 과정을 찍은 영상이다.

칸 아카데미의 'Hour of Coding'

▶ 영상 바로 보기

그 외에도 작가와 영화감독이 꿈인 현서를 위해 평소에도 다양한 학습을 찾아 하고 있다. 요즘은 'Alan Becker'라는 애니메이션 작가에 빠져 있다. 스틱맨으로 기발한 영상을 만들어내는 이 작가처럼 현서도 자신의 상상의 나래를 펼쳐 애니메이션을 만들어 보고 싶어 했다. 그래서 찾은 모바일 앱이 'Flipa Clip'이다. 처음에는 태블릿 PC에 깔아 손가락으로 그림을 그렸다. 이 모습이 안쓰러워 보여서 태블릿 펜으로 PC에서 그릴 수 있도록 앱을 설치해 주었다. 아래 영상은 현서가 애니메이션을 만드는 장면을 찍은 영상이다.

지금은 이렇게 방법만 찾으면 무엇이든 집에서도 배울 수 있는 시대인 것이다. 환경에 맞추어서 아이가 할 수 있는 것을 정하는 것이 아니라, 아이가 좋아하는 것만 알면 이를 배울 수 있는 방법을 찾을 수 있는 시대이다.

'Flipa Clip' 앱으로 애니메이션 만들기

▶ 영상 바로 보기

다음은 코딩의 원리를 이해하기 위해 코딩 로봇으로 이런저런 놀이를 하며 학습하는 것을 찍은 영상이다. PC 앞에 앉아 직접 코딩 명령어를 배우기 전에, 코딩의 원리를 이해하기 위해 이런 코딩 로봇을 이용해 보는 것도 좋은 방법이다. 레고 만들기도 좋아했던 현서는 이렇게 직접 조립해 만든 로봇에게 원하는 행동을 하도록 명령어를 입력하는 것을 상당히 좋아했다. 이것 자체가 문제를 해결하기 위해 다양한 시도를 해 보며 논리적인 사고 능력을 키울 수 있는 과정이었기 때문이다. 아이들이 학습을 흥미롭게 할 수 있는 다양한 방법이 있다. 어떤 아이는 재미가 있어야 하지만, 어떤 아이는 이렇게 도전적인 과제를 해결하면서 성취감을 느낄 수도 있는 것이다. 코딩은 미래 인재의 역량을 기르는 데 꼭 필요한 학습이기도 하고, 배워서 직접 앱을 만들 수 있는 것도 좋은 기술이 될 것이다.

코딩 로봇

▶ 영상 바로 보기

작가가 꿈인 현서가 처음으로 쓴 책은 '레이디스 다이어리(Lady's Diary)'라는 그림 동화책이다. 7살부터 스프링 연습장에 쓰기 시작해서 총 6권을 썼다. 그동안 봐 왔던 애니메이션과 게임들의 이야기들을 종합해 우정이란 주제로 그림도 그리고 스토리를 지어낸 것이다. 그림이나 글씨는 대단할 것이 없지만, 책이 다루고 있는 주제나 이야기의 흐름은 나름 구성이 괜찮았다. 독자들을 위해 등장인물들의 프로필을 소개하는 페이지도 따로 있다. 이야기의 챕터별로 내용을 확인할 수 있는 문제도 직접 만들어 워크북처럼 구성을 했다.

모두 그동안 읽었던 책과 시청했던 영상에서 영감을 받아 자신만의 방법으로 재구성한 것이다. 남한테 보여 줄 만큼의 작품은 아니지만 계속 할 수 있도록 칭찬을 듬뿍 해 주었다.

현서가 쓴 동화책
영어로 소개하기

▶ 영상 바로 보기

지금은 피아노 학원을 다니고 있지만 처음 일 년은 '심플리 피아노(Simply Piano)'라는 앱을 통해 집에서 배웠다. 시작은 아빠가 배울 목적으로 유료 구매했는데, 현서도 흥미를 느껴 시작했다. 기술의 발달로 뭐든지 집에서 배울 수 있는 시대이다. 피아노를 전공할 거라면 학원에서 전문 교육을 받은 선생님께 배우는 것이 최선이다. 하지만 그냥 취미로 배우거나 학원에서 배운 것을 집에서 보충 연습을 하기에는 충분히 활용 가치가 있는 방법이다.

이 앱에서 연주용으로 사용하는 곡들이 7080세대의 명곡들이다 보니 아이가 부모 시대의 음악들도 좋아하게 되는 것은 또 다른 즐거움이었다.

이처럼 지금은 뭐든지 집에서도 배울 수 있는 시대이다. 자신이 뭘 배우고 싶은지만 정하면 인터넷에서 검색해 찾아보기면 하면 된다. 그리고 자신의 학습 성향과 속도에 맞게 배우면 된다.

'Over the rainbow'를 연주하며 노래를 부르는 현서

▶ 영상 바로 보기

현서는 컴퓨터나 태블릿 PC 앱으로 새로운 것을 배우는 것에 대한 두려움이 전혀 없다. 파워포인트도 스스로 배웠다. 다음 영상은 현서의 꿈인 작가나 영화감독이 되기 위해 무엇을 하면 어떻게 해야 하는지에 대해 아빠한테 배운 마인드맵을 이용해 정리하는 과정을 찍은 영상이다. 이미 구체적인 생각을 해 놓은 현서가 기특하기도 했고, 종종 이렇게 꿈을 이루기 위해 집중해야 할 것들을 정리하는 것도 의미 있는 시간이라는 생각을 하게 되었다. 부모가 원하는 꿈이 아니라 자신이 직접 선택을 하다 보니, 이를 이루기 위해 스스로 더 적극적으로 고민하고 배우게 된다.

지금 단계에서는 아이의 생각이 맞고 틀리고는 중요하지 않다. 뭘 하더라도 주도적으로 할 수 있도록 지지해 주고, 실패를 해도 괜찮다는 것을 인식시켜 주는 것이 중요한 시기이다.

마인드맵으로
꿈을 이루기 위해
할 것 정리하기

▶ 영상 바로 보기

코로나 이후 교육의 변화

KAIST 국제 포럼 - 포스트 코로나 시대의 교육

2020년 코로나라는 전 세계적인 팬데믹이 발생하면서 이전과는 다른 뉴 노멀(New Normal) 시대가 왔다. 처음에는 모두가 일시적인 현상이라 여기고 곧 이전의 일상으로 돌아갈 것이라 생각했다. 우리나라 대학의 교수님들이나 공교육의 선생님들도 대부분 온라인 원격 수업은 임시방편이고 곧 예전의 수업 방식으로 돌아갈 것이라 생각했다고 한다. 하지만 시간이 갈수록 이전의 일상으로 돌아갈 가능성은 점점 줄어들고, 새로운 일상, 뉴노멀에 빨리 익숙해질 준비를 하는 사람들이 많아지고 있다. 코로나 이후의 교육은 어떻게 바뀔까?

지난 6월 KAIST 글로벌전략연구소(GSI)와 한국4차산업혁명 정책센터(KPC4IR)가 주최하는 '포스트 코로나 시대 비대면 사회의 부상에 따른 교육의 미래 전망'이라는 국제 포럼이 개최되었다. 카이스트 총장님과 과학기술정보통신부 장관님의 축사로 시작한 이 국제 포럼에는 코세라와 미네르바스쿨의 대표, 마이크로소프트의 교육 부사장, 폴 킴 스탠포드대 학과장, 토도수학으로 잘 알려진 이누마의 대표 등 학계와 산업계의 교육과 테크 분야의 전문가들이 최근 인류가 맞닥뜨린 코로나 팬데믹과 이 이후의 교육의 변화에 대해 자신의 의견을 발표하고 토론하는 자리였다. 주요 내용을 요약해 보면 다음과 같다.

코로나 발발 이후 4개월 동안 총 192개국 전체 학생의 91%에 달하는 16억 명의 학생이 학습권을 침해당했다고 한다. 한국은 다른 나라에 비해 IT 인프라가 가장 잘 구축되어 있어서 등교를 하지 않고도 비교적 큰 혼란 없이 비대면 수업으로 전환이 가능했다. 하지만 아직도 인터넷을 활용한 온라인 교육의 혜택을 받지 못하는 사람은 전 세계 학생의 29%인 3억 4,600만 명에 달한다고 한다. 이로 인해 교육의 불균형은 더 커지고, 코로나가 끝나고 공교육이 정상화되어도 학생들 간의 학습 격차는 심각한 수준으로 벌어질 것이라고 한다.

이런 교육의 불균형을 막기 위해 전 세계의 학교에서 빠른 속도로 교육의 변화가 일어나고 있다. 우리나라 KAIST의 경우도 2012년부터 자체 온라인 교육 시스템을 구축해 교육의 변화를 추구해왔다고 한다. 그런데 지난 7년 동안 8%에 머무르던 전환 비율이 이번 코로나를 계기로 전면 온라인 수업으로 전환되었다고 한다. 미국 마이크로소프트(Microsoft)의 교육 부사장도 지난 20년 동안 온라인 수업을 거부하던 교수님과 선생님들 모두가 강제로 온라인 수업을 하게 되는 일이 벌어졌다고 놀라워한다. 그동안 이들은 기술이 교사들의 자리를 위협한다고 생각했었으나, 사실은 도움을 준다는 것을 알게 되었다는 것이다. 그리고 이런 기술을 활용한 새로운 교육 방법들은 앞으로 더 큰 가치를 발휘할 것이라고 예측했다.

이런 변화는 실제 수치로도 나타나고 있다. 전 세계에서 가장 큰 무크(MOOC) 교육 플랫폼 중 하나인 코세라(Coursera)의 대표는 자사의 교육 플랫폼에 3월 중순 이후 2천9백만 명이 강의 등록을 했다고 한다. 이는 작년 같은 기간에 비해 5배 증가한 수치이고, 신규 회원의 수는 작년에 비해 10배 증가했다고 한다. 코로나로 인해 전 세계 대학 수업에도 차질이 생겨서 3월부터 대학에 무료로 플랫폼을 제공한 것이 영향이 있었다. 대학의 강의 과정만 9,400개가 오픈했고 1백만 명의 대학생이 등록을 하고, 5백만 개 과정을 수강했으며 총 강의 시간만 1,400만 시간이라고 한다. 이 모두가 약 4개월 만에 벌어진 일이다.

이 국제 포럼 이후에도 코로나를 계기로 ICT를 활용한 교육의 대변화를 이루려는 움직임들이 계속되고 있다. 좋은 대학에 들어 갔다고 해서 남은 인생이 달라지는 시대는 저물어 가고 있는 듯하 다. 평생 필요한 기술들을 배워 나가야 한다. 오래 꾸준히 하기 위 해서는 무엇보다 자신이 잘하고 좋아하는 것을 찾아야 한다. 앞서 소개한 이범 씨의 강연에서 한국 학생들은 "전 세계에서 가장 재 미없는 공부를, 전 세계에서 가장 오래 한다."라고 요약했다. 이렇 다 보니 정신적인 치유가 필요한 아이들이 많다고 한다. 청소년 자 살률이 높은 이유도 이와 관련이 없지 않을 것이다.

평생 학습을 하며 살아가야 할 아이들에게는 배움이 즐거워야 한다. 인생은 마라톤이다. 초반에 힘을 다 빼면 마라톤 완주를 할 수 없다. 'Grit'도 자기가 좋아하는 것을 할 때 길러진다고 한다. 앞 으로도 내가 바라는 것은, 내 아이가 자신이 원하는 것이 무엇인지 알고, 그 일을 하면서 행복하게 사는 사람으로 자라면 좋겠다는 것 이다.

20년간 미루었던 교육 개혁을 한 번에

전 세계 교육학자들이 교육의 변화의 필요성에 대해 언급하며 오래전부터 해 온 이야기가 있다. "19세기 교실에서 20세기 선생님들이 21세기의 아이들을 가르치고 있다."는 것이다. 새롭게 발전하는 기술을 가장 느리게 받아들이고 적용하는 분야가 바로 교육이라는 말이다.

기술의 발전은 이전에는 상상도 할 수 없었던 엄청난 변화를 가져왔다. 지금은 모두가 컴퓨터보다 성능이 좋은 스마트폰을 들고 다니며 영상 통화도 하고, 인터넷에 접속해 언제 어디서나 원하는 정보를 얻을 수 있다. 앞으로 30년이 지나면 세상은 또 얼마나 많이 달라져 있을까? 아이들은 이미 교실 밖에서 다양한 방법으로 엄청난 학습을 하고 있다. 궁금한 것이 있으면 유튜브나 인터넷 검색을 통해 스스로 배운다. 단순한 지식과 정보가 아니다. 파워포인트, 애니메이션 만들기, 각종 공작 놀이, 앞으로는 웬만한 과학 실험 놀이도 인터넷을 통해 배우며 과학 원리를 학습해 나갈 것이다.

세상이 이렇게 변하고 있는데 학교에서는 아직 그 속도를 쫓아가지 못하고 있다. 다행히 요즘 젊은 선생님들은 다양한 시도를 하며 아이들을 위한, 학습자 중심의 교육을 하려는 노력을 많이 보이는 것 같다. 하지만 아직도 이런 변화를 거부하는 사람들이 많다. KAIST 국제 포럼에 연사로 나온 영국 고등교육정책연구원의 원장인 Bahram Bekhradnia도 온라인으로 모든 전통 교육을 대체할 수는 없다고 했다. 아직은 인프라도 구축되어 있지 않고, 교사 교육도 되어 있지 않다. 콘텐츠도 부족하다. 학생들조차도 비대면보다 면대면 교육을 더 선호한다는 조사 결과가 있다. 영국 대학교들의 온라인 과정들의 완료율도 30% 정도로 굉장히 낮다. 벌써 수십 년 전부터 ICT를 활용한 교육 혁신은 많은 학자들과 교육 전문가들에 의해 시도되어 왔지만, 위에서 제시된 이유들로 인해 속도를 내지 못하고 있다.

하지만 코로나로 인해 모든 것이 달라졌다. 그동안 이론으로만 이야기했던 다양한 혁신적인 교육 방법들이 주목을 받고 있고, 일부는 빠르게 현장에서 적용되고 있다. 온라인으로 수업이 가능해지면 굳이 대학에 가는 것에 대한 의미도 점점 약해질 것이다. 당장 내년부터 전 세계 명문 대학들은 외국인 학생들을 선발하고 학교 수업을 진행하는 것에서부터 차질이 생기게 될 것이다. 그리고 이를 대체하는 새로운 방법들이 생겨날 것이고, 그동안 주류가 아니었던 방법들이 대안으로 떠오를 것이다.

10년 후 대학에 입학하는 아이를 둔 부모라면 현재의 인재상을 전적으로 믿고 거기에만 초점을 맞추지 말고, 이런 변화에 관심을 가지고 새로운 미래 인재상에 맞게 아이들의 교육을 준비해 나가야 할 것이다.

유튜브
추천 리스트

미취학 아동용 추천 채널

초등 1~2학년용 추천 채널

초등 3~4학년용 추천 채널

♥추천 **Baby Big Mouth**

노래를 듣고 Surprise Egg를 까면서 알파벳과 기본 영어 단 어들을 배울 수 있음. 최소한의 단어만 나와 부담 없이 영어와 친해질 수 있음.

구독자 수 1,090만
영상 수 4,172개
대상 4~5세
장르 파닉스, 동요

👍 처음 영어 노출을 시작하는 3~4세 아이들에게 추천

♥추천 **Super Simple Songs**

Nursery Rhymes와 동요를 더 간단하게 만들어, 처음 영어 를 접하는 아이들도 쉽고 재미있게 배울 수 있는 최고의 채널. 'Super Simple ABC', 'Super Simple Play', 'Super Simple TV', 'Super Simple Learning' 등의 채널이 있음.

구독자 수 2,500만
영상 수 520개
대상 4~7세
장르 파닉스, 동요

👍 처음 영어 노출을 시작하는 7세 이하 아이들에게 강추

♥추천 **Cocomelon**

2018년까지 ABC Kid TV였던 이 채널의 영상들은 3D 애니 메이션으로 제작됨. 유튜브에서 구독자 수가 가장 많은 어린이 채널로 기본 단어와 일상 표현을 배울 수 있음.

구독자 수 9,600만
영상 수 572개
대상 4~7세
장르 파닉스, 동요

👍 모든 영상에 자막이 제공되어 문자에 관심을 보이는 아이들에게 추천

♡추천   Baby Bus

Baby Bus는 영어, 중국어, 한국어, 베트남어, 아랍어 등 7개 국어로 더빙이 되어 다국어 환경을 만들어 줄 수 있음. 주인공 도 판다, 고양이 같은 동물 캐릭터를 사용.

구독자 수 1,990만
영상 수 1,468개
대상 4~7세
장르 파닉스, 동요

👍 동물을 좋아하는 아이나 다중 언어 환경을 만들어 주고 싶은 가정에 추천

♡추천   Morphle TV

Mila와 Morphle는 모험을 하는 동안 창의력을 발휘해 문제 를 해결하며 우정을 나눔. 동시에 기본 단어와 영어 표현도 배 울 수 있음.

구독자 수 892만
영상 수 740개
대상 4~7세
장르 파닉스, 동요

👍 6살 Mila처럼 모험심과 호기심이 강한 아이들에게 추천

♡추천   Dave and Ava

Dave와 Ava가 동물 친구들과 함께 Nursery Rhymes로 알파벳, 숫자, 도형, 색 등 가장 기본적인 단어와 표현을 가르치 는 영상. 모든 영상에 영어 자막이 나옴.

구독자 수 1,190만
영상 수 544개
대상 4~7세
장르 파닉스, 동요

👍 귀여운 동물을 좋아하는 아이들에게 추천

♥추천 Kids TV

알파벳, 숫자, 색, 모양, 동물들을 재미있는 노래와 Nursery Rhymes 등을 이용해 배울 수 있는 교육 채널.

구독자 수 1,680만
영상 수 2,841개
대상 4~7세
장르 파닉스, 동요

👍 처음 영어를 시작하는 유아에게 추천하는 교육 채널

♥추천 Mother Goose Club Playhouse

'Mother Goose Club'의 노래와 아이들의 다양한 놀이 모습이 있는 채널. 누구나 참여할 수 있도록 만든 채널로 'Mother Goose Club' 채널보다 구독자 수가 많다.

구독자 수 1,230만
영상 수 1,067개
대상 4~7세
장르 파닉스, 동요

👍 나와 비슷한 아이들의 모습을 좋아한다면 추천

♥추천 Mother Goose Club

Nursery Rhymes의 대명사처럼 불리던 Mother Goose. 미국의 원어민 아이들이 6명의 캐릭터로 분장해 찍은 영상으로 다양한 콘텐츠를 제공함.

구독자 수 754만
영상 수 1,015개
대상 4~7세
장르 파닉스, 동요

👍 실제 사람이 나오는 것을 선호하는 아이들에게 추천

♥추천　**Alphablocks**

26개의 알파벳이 노래와 재미있는 이야기로 단어를 소개함.
파닉스를 배울 수 있도록 만든 프로그램. 텔레토비로 유명한
영국 BBC의 어린이 방송 채널 'Cbeebies'의 대표 프로그램.

👍 영어 듣기 귀가 뚫린 후 파닉스를 배우는 아이들에게 적합.

구독자 수 비공개
영상 수 686개
대상 4~7세
장르 파닉스, 동요

♥추천　**Sesame Street**

미국의 교육 채널 PBS에서 방영된 미국판 뽀뽀뽀. 미쉘 오바마,
힐러리 클린턴 등 유명인들이 출연할 만큼 영향력 있는 미국의
TV 프로그램.

👍 다양한 분야에 호기심이 많은 아이에게 추천

구독자 수 1,800만
영상 수 3,057개
대상 4~9세
장르 TV 프로그램

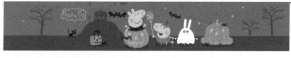

♥추천　**Peppa Pig**

Peppa와 George, 그리고 다른 동물 친구들의 생활을 그린
교육용 애니메이션. 2004년 영국 채널 5에 처음으로 방영되
었고 2019년까지 6개의 시즌이 방영됨. 한국을 포함한 180여
개 국 어린이들의 최고 인기 애니메이션.

👍 가족 모두가 같이 즐길 수 있는 애니메이션

구독자 수 1,940만
영상 수 772개
대상 6~9세
장르 TV 프로그램

♡추천　**Caillou**

캐나다에서 방영된 교육용 TV 애니메이션. 상상력 왕자 5살 Caillou와 동생 Rosie의 일상 생활을 그린 이야기. Caillou를 보며 아이가 자라면서 어떻게 인지 발달을 하고 호기심을 가지는지 알 수 있음.

구독자 수 1,710만
영상 수 1,500개
대상 6〜9세
장르 TV 프로그램

👍 아이들의 생각이 궁금한 초보 엄마, 아빠들에게 강추

♡추천　**Thomas and Friends**

남자아이들이라면 누구나 좋아하는 기차 캐릭터 Thomas. 1984년 영국 ITV에서 처음 방송되었고, 현재 24번째 시즌으로 전 세계 남자아이들의 마음을 사로잡은 TV 시리즈.

구독자 수 184만
영상 수 1,270개
대상 6〜9세
장르 TV 프로그램

👍 차, 기차 등을 좋아하는 남자아이들에게 강추

♡추천　**Treehouse Direct**

캐나다의 유아용 애니메이션 전문 채널. 'Max and Ruby', 'Berenstain Bears', 'Timothy Goes to School', 'Franklin' 등 한국에서도 인기가 있었던 시리즈를 제작한 채널.

구독자 수 75만
영상 수 2,251개
대상 6〜9세
장르 TV 프로그램

👍 'Max and Ruby', 'Berenstain Bears'가 보고 싶은 친구들에게 추천

♥추천　　**Toopy & Binoo**

모든 사물과 말을 하는 Toopy와 그의 친구 Binoo의 모험을 그린 캐나다 애니메이션. 아이들의 상상력을 키울 수 있는 흥미로운 스토리가 가득함.

구독자 수 10만
영상 수 266개
대상 4~7세
장르 TV 프로그램

👍 모험을 좋아하고, 상상력이 풍부한 아이로 키우고 싶다면 추천

♥추천　　**Maisy Mouse**

꼬마 쥐 Maisy의 모험을 그린 애니메이션. 단순하지만 매력적인 삽화와 귀여운 캐릭터들이 등장하며, Maisy의 일상을 통해 아이들이 필요한 규칙과 행동을 배울 수 있는 채널.

구독자 수 4만
영상 수 452개
대상 4~7세
장르 TV 프로그램

👍 귀여운 그림을 좋아하는 여자아이들에게 추천

♥추천　　**Toy Caboodle**

가족 친화적인 장난감 언박싱 채널. 다양한 종류의 장난감을 소개하며 종이접기, 공작 놀이 등 아이들이 흥미로워하는 것들을 영상으로 만든 채널.

구독자 수 219만
영상 수 1,314개
대상 4~7세
장르 언박싱 / 놀이

👍 장난감을 좋아하는 여자아이에게 추천

♥추천 Greveveve's Playhouse

장난감으로 유아들을 위한 교육용 비디오를 만들어 제공하는 채널. 'Paw Patrol', 'Peppa Pig' 장난감으로 숫자, 도형, 기본 단어를 배움.

👍 인기 캐릭터로 역할극하는 것을 좋아하는 아이에게 추천

구독자 수 1,600만
영상 수 526개
대상 4~7세
장르 언박싱 / 놀이

♥추천 Coilbook | Learning for Children

남자아이들이 좋아하는 버스, 트럭, 소방차 등 다양한 차들이 캐릭터로 등장하며, 알파벳부터 다양한 학습을 할 수 있는 3D 애니메이션.

👍 자동차, 기차 등 탈것을 좋아하는 남자아이에게 강추

구독자 수 288만
영상 수 135개
대상 4~7세
장르 언박싱 / 놀이

♥추천 Toy Factory

장난감 기차와 다양한 애니메이션으로 유아기 아이들의 학습에 도움이 되는 콘텐츠를 제작한 채널. 영어가 많이 나오지는 않아서 오래 보기에는 좋지 않음.

👍 기차와 자동차를 좋아하는 남자아이에게 강추

구독자 수 297만
영상 수 530개
대상 6~9세
장르 언박싱 / 놀이

♥추천 **Art for Kids Hub**

Rob 삼촌이 그림 그리기를 좋아하는 네 명의 자녀들(Jack, Hadley, Austin, Olivia)과 함께 다양한 그림을 그림. 단순한 그림부터 인기 캐릭터까지 같이 따라 그리며 자연스럽게 영어에 노출됨.

구독자 수 327만
영상 수 1,807개
대상 6~9세
장르 미술/공작

👍 아이가 그림 그리기를 좋아하고, 좋아하는 캐릭터를 직접 그리고 싶어 한다면 강추

♥추천 **Draw So Cute**

Wennie 이모가 여자아이들이 좋아할 만한 캐릭터들을 예쁘고 귀엽게 그리는 방법을 알려 줌. 친절하고 자세한 설명을 들으며 영어를 익힐 수 있음.

구독자 수 218만
영상 수 1,272개
대상 6~9세
장르 미술/공작

👍 예쁘고, 귀여운 그림을 그리고 싶은 여자아이들에게 강추

♥추천 **Red Ted Art**

Maggy 이모가 매력적인 영국 영어로 집에서 만들 수 있는 다양한 공예를 소개함. 종이접기부터 집에 있는 재료로 쉽게 만들 수 있는 귀여운 장식품까지 만들어 볼 수 있음.

구독자 수 70만
영상 수 1,028개
대상 6~11세
장르 미술/공작

👍 만들기, 공작 활동을 좋아하는 아이에게 추천

♡추천　AKN Kids House

아직 그림을 직접 그리지는 못하지만 그림에 관심이 있는 아이
들을 위한 채널. 간단한 그림과 색칠하는 과정을 보며 알파벳
부터 기초 영어 단어들을 자연스럽게 익힐 수 있음.

구독자 수 251만
영상 수 341개
대상 4~7세
장르 미술/공작

👍 직접 그리기는 아직 이르지만 그림에 관심을 보이는 아이에게 추천

♡추천　Crafting Hour

생일, 크리스마스, 어버이날 등 주제별로 아이들이 만들 수 있
는 다양한 공작, 공예 방법을 알려 주는 채널. 만드는 방법은
말이 아닌 짧은 자막으로 제공.

구독자 수 52만
영상 수 642개
대상 6~11세
장르 미술/공작

👍 만들기를 좋아하지만 영어 듣기가 부담스러운 아이에게 추천

♡추천　Easy Pictures To Draw

Enrique 삼촌과 함께 다양한 만화, 게임 캐릭터나 영화 주인
공을 그려 보는 채널. 두꺼운 펜으로 누구나 그릴 수 있는 아주
쉬운 그림을 그림.

구독자 수 8만
영상 수 641개
대상 6~9세
장르 미술/공작

👍 그림 그리기를 처음 시작하는 남자아이에게 추천

♥추천 Storyline Online

SAG–AFTRA(Screen Actors Guild – American Federation of Television and Radio Artists)라는 전미 연예인 협회에서 책 읽기 문화 조성을 위해 운영하는 유튜브 채널. 유명 연예인들이 직접 명작 동화를 읽어 줌.

구독자 수 36만
영상 수 68개
대상 4~9세
장르 Read Aloud

👍 영화 주인공들이 영어 그림책을 읽어 주는 것을 듣고 싶은 아이에게 추천

♥추천 Illuminated Films

Eric Carle의 'Very Hungry Caterpillar'의 공식 애니메이션을 만든 회사에서 운영하는 채널. 'Papa, Please Get The Moon For Me' 등 Eric Carle의 다른 작품 및 'Little Princess' 영상을 볼 수 있음.

구독자 수 28만
영상 수 101개
대상 4~9세
장르 Read Aloud

👍 Eric Carle의 'Very Hungry Caterpillar'를 좋아하는 아이에게 추천

♥추천 StoryTime at Awnie's House

Awnie 이모가 그림 동화책을 읽어 주는 채널. 엄마가 직접 읽어 주기 부담스러울 때 활용할 수 있음. 책 소개와 함께 내용을 흥미롭게 낭독해 줌.

구독자 수 25만
영상 수 98개
대상 4~7세
장르 Read Aloud

👍 아이에게 영어 책을 직접 읽어 주기 어려운 학부모에게 추천

♡추천   Cosmic Kids Yoga

Jamie 선생님이 아이들이 좋아할 만한 다양한 캐릭터와 함께 요가를 알려 줌. 몸의 힘과 균형 감각을 기르고, 자신감도 키울 수 있음.

👍 요가를 좋아하는 엄마와 아이에게 추천

구독자 수 97만
영상 수 497개
대상 6세~11세
장르 요가

♡추천   HiHo Kids

아이들이 새로운 것을 배우는 과정을 영상으로 제작해 보여 주는 채널. 특이한 음식이나 직업을 체험하거나 전 세계 다양한 놀이를 소개하는 채널.

👍 새로운 것에 도전하는 것을 좋아하는 아이에게 추천

구독자 수 417만
영상 수 846개
대상 6~9세
장르 가족 일상

♡추천   Peekaboo Kids

파닉스, Nursery Rhymes, 과학 등 아이들의 다양한 호기심에 대해 알려 주는 교육 채널. Dr. Binocs가 아이들의 눈높이에 맞춰 친절하게 설명해 줌.

👍 아이가 과학에 관심을 가지기 시작했다면 강추

구독자 수 119만
영상 수 364개
대상 6~11세
장르 과학

♥추천 Kids Learning Tube

동물, 나라, 행성, 생물학, 천문학, 지리학 등의 기본적인 과학 관련 지식을 노래로 배울 수 있는 채널.

구독자 수 85만
영상 수 344개
대상 6~11세
장르 과학

👍 과학과 관련된 단어들을 가볍게 배우고 싶은 아이에게 추천

♥추천 Smile and Learn – English

역사, 인문, 과학 등 아이들이 관심 있어 할 만한 대부분의 콘텐츠를 다루고 있는 채널. 모든 콘텐츠가 선생님들에 의해 기획되어서 교육적인 내용을 재미있게 배울 수 있음.

구독자 수 16만
영상 수 453개
대상 4~9세
장르 교과목

👍 재미있는 애니메이션으로 다양한 학습을 원하는 아이에게 추천

♥추천 Netflix Junior

'Story Bots'부터 'Super Monster'까지 다양한 학습용 영상과 재미있는 시리즈까지 취향에 맞게 볼 수 있는 영상들이 모여 있는 채널.

구독자 수 419만
영상 수 897개
대상 6~11세
장르 TV 프로그램

👍 'Story Bots'를 좋아하고 Netflix 구독자라면 추천

♥추천 Mr. Men and Little Miss

한국에서 큰 인기를 끌었던 어린이 동화책 'EQ 천재들'의 원작 애니메이션. 1971년 영국에서 출판된 이후 2015년까지 총 85개의 캐릭터가 만들어지며 꾸준히 사랑을 받음.

구독자 수 5만
영상 수 168개
대상 6~11세
장르 TV 프로그램

👍 EQ 천재들 책을 좋아한 아이에게 추천

♥추천 Fireman Sam

두 전직 소방관들의 아이디어로 시작해 1987년 영국 BBC에서 처음 방영된 TV 시리즈가 오리지널. Sam 아저씨와 소방관 친구들이 Pontypandy 마을에서 벌어지는 에피소드를 통해 아이들에게 꼭 필요한 안전 교육을 함.

구독자 수 210만
영상 수 1,125개
대상 6~11세
장르 TV 프로그램

👍 소방관이 되고 싶은 아이에게 추천

♥추천　Bob the Builder

건축가인 Bob 아저씨가 에피소드마다 여러 동료와 건물을
지으며 협력을 통해 갈등을 해결하고 사회성을 기르는 학습 내
용을 담고 있음.

👍 건축에 관심이 많은 아이에게 강추

구독자 수 35만
영상 수 668개
대상 6~11세
장르 TV 프로그램

♥추천　PJ Masks Official

한국에서는 파자마 삼총사로 유명한 디즈니 주니어의 'PJ
Masks'. 7살인 Connor, Amaya, Greg은 밤이 되어 파자
마를 입으면 슈퍼 히어로 Catboy, Gekko, Owlette가 되어
악당을 물리침.

👍 호기심 많고 모험을 좋아하며 슈퍼 히어로가 되고 싶은 아이에게 추천

구독자 수 410만
영상 수 511개
대상 6~11세
장르 TV 프로그램

♥추천　Cbeebies

영국 BBC의 7세 이하 유아 전용 채널. 아이들에게 필요한 모
든 종류의 교육 콘텐츠가 포함되어 있음. 안심하고 보여줄 수
있는 교육 전문 채널.

👍 지적 호기심이 많은 어린 아이에게 강추

구독자 수 161만
영상 수 2,485개
대상 6~11세
장르 TV 프로그램

♥추천 **Ben and Holly's Little Kingdom**

마법을 배우는 요정 Holly 공주와 그녀의 절친 난쟁이 엘프 Ben의 모험을 그린 영국의 TV 시리즈. 'Peppa Pig'와 같은 제작사에서 만들었고 같은 성우들도 많이 출연함.

구독자 수 202만
영상 수 523개
대상 6~11세
장르 TV 프로그램

👍 'Peppa Pig'를 좋아했다면 추천

♥추천 **Nick Jr.**

미국 최대의 애니메이션 채널 'Nickelodeon'의 유아용 채널. 'Dora the Exploere', 'Paw Patrol' 등 한국에도 많이 알려진 TV 시리즈를 보유하고 있음.

구독자 수 1,670만
영상 수 3,637개
대상 6~11세
장르 TV 프로그램

👍 Dora, Paw Patrol을 좋아하는 친구는 구독하여 시청할 것을 추천

♥추천 **Brightly Storytime**

Linda 이모가 'Penguin Random House'의 유명 그림책들을 읽어 주는 유튜브 채널. 재생목록에서 나이별, 주제별로 책 읽기 영상을 제공. Dr. Seuss와 Eric Carle 등 유명 작가의 책들 다수 포함.

구독자 수 7만
영상 수 156개
대상 4~11세
장르 Read Aloud

👍 명작 동화를 원어민의 목소리로 직접 들려주고 싶은 부모님들께 추천

♥추천　**PBS Kids**

우리나라의 EBS와 같은 미국의 교육 방송국인 PBS에서 운
영하는 채널. Read Along 목록에 미쉘 오바마를 비롯한 유
명 인사들이 읽어 주는 영상이 포함되어 있음.

구독자 수 128만
영상 수 2,388개
대상 6~11세
장르 Read Aloud

👍 미쉘 오바마가 책 읽어 주는 것을 듣고 싶다면 추천

♥추천　**Ryan's World**

Ryan과 가족들이 초기에는 장난감 언박싱을 주로 했지만 이
후 아이들의 호기심을 자극하는 다양한 과학 실험과 상황극,
뮤직 비디오, 공작 등의 콘텐츠를 다룸.

구독자 수 2,680만
영상 수 1,825개
대상 6~11세
장르 언박싱 / 놀이

👍 장난감을 좋아하고 호기심이 많은 아이에게 추천

♥추천　**CKN Toyrs**

세상의 모든 장난감은 다 언박싱하는 것 같은 채널. 소형 캐릭
터 모델부터 탈 수 있는 자동차나 슈퍼 히어로즈의 복장 등 남
자아이들이라면 누구나 좋아할 만한 채널.

구독자 수 1,630만
영상 수 705개
대상 6~11세
장르 언박싱 / 놀이

👍 인기 캐릭터들과 장난감을 좋아하는 남자아이에게 강추

♥추천   Lego Fan Tube

레고 팬들을 위한 유튜브 채널로 팬들이 창작한 레고 작품을
소개하기도 하고, 레고 디자이너들이 상품화하기 전에 만든 작
품들도 볼 수 있음.

구독자 수 68만
영상 수 174개
대상 8~11세
장르 언박싱 / 놀이

👍 레고 만들기를 좋아하는 친구에게 강추

♥추천   Muffalo Potato

John 아저씨와 Mufflo Potato라는 인형이 함께 다양한 만
화 주인공을 그리는 방법을 알려 주는 채널. 매주 토요일에 하
나의 영상이 업데이트됨.

구독자 수 17만
영상 수 261개
대상 6~11세
장르 미술/공작

👍 다양한 애니메이션 캐릭터를 그리고 싶은 친구에게 강추

♥추천   Jenny W. Chan – Origami Tree

Jenny 언니가 누구나 할 수 있는 쉬운 종이접기부터 예쁘고
실용적인 공작 만들기까지 다양한 것들을 가르쳐 줌.

구독자 수 15만
영상 수 576개
대상 6~11세
장르 미술/공작

👍 종이접기나 공작 만들기를 좋아하는 여자아이에게 추천

♥추천 Chelsey DIY

Chelsey 이모가 집에서 봉제 인형(Plushie)과 말랑말랑한
인형(Squishie) 등을 만드는 방법을 알려 줌. 그 외에도 다양
한 방법으로 귀여운 인형을 만드는 방법을 알려 주는 채널.

구독자 수 23만
영상 수 542개
대상 6~11세
장르 미술/공작

👍 귀여운 봉제 인형 등을 만들고 싶어 하는 아이에게 추천

♥추천 Simple Kids Crafts

다양한 미니어처나 종이, 인형 등 집에서 구할 수 있는 재료들
로 만들 수 있는 공작 놀이를 알려 주는 채널.

구독자 수 69만
영상 수 1,342개
대상 6~11세
장르 미술/공작

👍 예쁜 인형이나 미니어처를 직접 만들고 싶어 하는 아이에게 추천

♥추천 SLICK SLIME SAM – DIY, Comedy, Science

말하는 핑크색 슬라임 Sam과 그의 애완 인간 Sue가 장난감
언박싱, DIY, 요리, 그리고 과학 실험까지 다양한 활동을 같이
하며 벌어지는 재미있는 이야기를 담은 채널.

구독자 수 541만
영상 수 681개
대상 6~11세
장르 미술/공작

👍 슬라임을 좋아하고 DIY, 요리를 좋아하는 아이에게 추천

♥추천　**Ez Origami**

Evan 삼촌이 쉬운 종이접기부터 기술이 필요한 높은 수준의
종이접기 작품까지 만드는 방법을 알려 주는 채널.

구독자 수 14만
영상 수 114개
대상 8~13세
장르 미술/공작

👍 종이접기에 어느 정도 자신이 있는 아이에게 추천

♥추천　**About Magic**

마술사 Wayne 아저씨가 아이들을 위해 알려 주는 마술의 비
밀. 보고 바로 따라 할 수 있는 쉬운 마술부터 있어서 어린아이
들에게도 좋은 채널. 영어 설명도 그리 어렵지 않음.

구독자 수 4만
영상 수 268개
대상 6~11세
장르 마술

👍 마술을 좋아하는 아이에게 강추

♥추천　**AniBox Trailer Access**

〈겨울왕국〉, 〈라이온 킹〉, 〈드래곤 길들이기〉 등의 애니메이션
영화의 예고와 비하인드 장면을 소개하는 채널.

구독자 수 2,430만
영상 수 2,063개
대상 8~13세
장르 영화

👍 애니메이션 영화를 좋아하는 친구들에게 추천

♥추천　**Charlis Crafty Kitchen**

Charlie와 Ashley 자매가 쿠키, 아이스크림 등 아이들이 좋
아하는 간식 만드는 방법을 알려 주는 채널.

구독자 수 122만
영상 수 193개
대상 8~13세
장르 요리

👍 집에서 직접 간식을 만들고 싶어 하는 아이에게 추천

♥추천　**Math Songs by Numberock**

노래로 숫자, 시간 읽기, 나누기 등 기본 수학의 개념을 배울 수
있는 영상 콘텐츠로 구성된 채널.

구독자 수 21만
영상 수 113개
대상 6~11세
장르 교과목

👍 노래와 재미있는 영상으로 수학을 배우고 싶다면 추천

♥추천　**Smart Learning for All**

과학과 관련해 아이들이 가질 수 있는 거의 모든 호기심에 대
한 답을 찾을 수 있는 과학 전문 채널. 아이들이 쉽게 이해할
수 있도록 재미있는 애니메이션으로 다양한 과학 지식을 배울
수 있음.

구독자 수 195만
영상 수 852개
대상 6~11세
장르 자연/과학

👍 과학적 호기심이 많은 아이에게 초강추

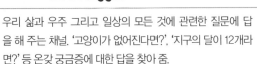

♡추천 **Life Noggin**

우리 삶과 우주 그리고 일상의 모든 것에 관련한 질문에 답
을 해 주는 채널. '고양이가 없어진다면?', '지구의 달이 12개라
면?' 등 온갖 궁금증에 대한 답을 찾아 줌.

구독자 수 318만
영상 수 414개
대상 6~13세
장르 자연/과학

👍 엉뚱한 상상을 하고 창의적인 아이라면 강추

♡추천 **National Geographic Kids**

동물과 자연에 관심이 있는 아이들은 꼭 구독하고 봐야 하는
최고의 자연 다큐멘터리 채널. 1,000개 가까운 영상들이 종류
별로 잘 정리되어 있음.

구독자 수 43만
영상 수 941개
대상 6~11세
장르 자연/과학

👍 동물과 자연에 관심 많은 아이에게 초강추

♡추천　T-Rex Ranch - Dinosaur

공룡 공원의 경비원(Ranger) LB와 Aaron의 상상력 넘치는
모험에 대한 채널. 컴퓨터 그래픽과 다양한 모험으로 공룡을
좋아하는 아이들을 즐겁게 해 주는 영상이 가득함.

👍 공룡 덕후인 남자아이들을 위한 채널

구독자 수 198만
영상 수 353개
대상 6~11세
장르 자연/과학

♡추천　Deep Look

다양한 생물을 고화질 카메라로 아주 자세히 가까이서 촬영한
영상들이 주를 이루는 채널.

👍 곤충, 조류, 해양 생물을 자세히 보고 싶어 하는 아이에게 강추

구독자 수 156만
영상 수 126개
대상 6~11세
장르 자연/과학

♥추천 **Soul Pancake**

'Kid President', 'My Last Days', 'Tell My Story' 등 꿈과 희망을 품고 더 살기 좋은 세상으로 만들기 위한 다양한 영상을 만드는 채널.

👍 더 좋은 세상을 만드는 데 아이디어가 필요한 아이에게 추천

구독자 수 337만
영상 수 1,518개
대상 8~13세
장르 인문/과학

♥추천 **Brave Wilderness**

온갖 야생 동물들을 직접 찾아가 다양한 실험과 활동을 하는 과정을 촬영한 채널. 다소 위험해 보이기도 하지만 야생 동물에 관심이 많은 아이에게는 최고의 채널 중 하나.

👍 야생 동물에 관심이 많은 아이라면 강추

구독자 수 1,780만
영상 수 626개
대상 8~13세
장르 자연/과학

♥추천 **Family Fun Pack**

쌍둥이를 포함한 6명의 자녀를 키우는 엄마 Kristine. 일 년의 반을 가족과 함께 여행하며 다양한 활동을 하고, 이 모습을 영상으로 올리며 시작된 채널.

👍 즐거운 가족의 일상이 궁금한 분들께 추천

구독자 수 943만
영상 수 1,807개
대상 8~13세
장르 가족 일상

♥추천 **Blippi**

세상의 모든 궁금증을 풀어 주는 Blippi 아저씨. 자동차, 동물, 자연 등 아이들이 알고 싶어 하는 것들을 다루어 호기심 많은 아이에게 최고 인기 채널.

구독자 수 989만
영상 수 198개
대상 8~11세
장르 과학

👍 호기심 많고 모험심이 강한 아이에게 강추

♥추천 **SciShow Kids**

일상 생활 속 다양한 과학 현상들이 왜 일어나는지에 대한 답을 관찰과 실험을 통해 찾아 주는 채널. 4~5분을 넘지 않기 때문에 지루하지 않게 볼 수 있음.

구독자 수 51만
영상 수 380개
대상 8~13세
장르 과학

👍 주변의 다양한 과학 현상에 "왜?"라는 질문을 자주 하는 아이에게 강추

♥추천 **It's Okay To Be Smart**

Joe 박사님이 우주, 물리, 생물학, 환경 등 과학 주제별로 평소 우리가 갖는 질문에 대한 답을 해 주는 채널. 미국의 교육 방송 PBS에서 제작해 영상의 품질이 최고 수준임.

구독자 수 347만
영상 수 323개
대상 8~13세
장르 과학

👍 우주, 지구 환경, 동물, 자연에 관심이 많은 아이에게 최고의 채널

♥추천　**Science Max**

물리학, 화학, 생태학, 생물학에 관련된 실험을 직접 해 보는 채널. 물로켓이나 대형 종이비행기, 쿠킹 포일 배 등을 직접 만들기도 하고 엉뚱한 실험을 하기도 함.

👍 과학 실험에 관심이 많은 아이에게 추천

구독자 수 12만
영상 수 163개
대상 8~13세
장르 과학

♥추천　**The Brain Scoop**

시카고의 The Field Museum에서 일하는 Emily 선생님이 자연사 박물관의 다양한 전시물과 그에 관련된 이야기를 재미있게 설명해 주는 채널.

👍 자연사 박물관에 관심이 있는 아이에게 추천

구독자 수 57만
영상 수 228개
대상 8~13세
장르 과학

♥추천　**Minute Physics**

'어떤 과학 지식도 쉽게 설명할 수 없다면 이해한 것이 아니다.'라는 모토에 맞춰 다양한 물리, 천문학을 1분 안에 설명하는 채널.

👍 과학 지식이 풍부한 아이에게 추천

구독자 수 517만
영상 수 250개
대상 8~13세
장르 과학

♥추천 　Howcast

어떻게 하는지, 어떻게 만드는지 등 모든 것에 대한 방법을 알려 주는 영상들이 있는 채널. 아이들 채널은 아니지만 다양한 상식을 배울 수 있는 채널.

구독자 수 829만
영상 수 22,522개
대상 8〜13세
장르 과학

👍 생활에 유용한 모든 것에 대한 How가 궁금한 분들에게 강추

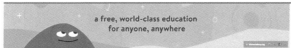

♥추천 　Khan Academy

전 세계 누구나 무료로 모든 교육을 받을 수 있게 한다는 목표를 이루기 위해 수학, 과학, 역사 등 미국의 대부분 교과목을 가르치는 영상을 올린 채널.

구독자 수 601만
영상 수 7,867개
대상 8〜13세
장르 교과목

👍 집에서 미국의 교과목을 배우고 싶은 학생들에게 추천

♥추천 　Khan Academy Computing

칸 아카데미의 교육 영상 중 코딩과 관련된 영상만 별도로 만든 채널. HTML, jQuery, Java Script, SQL 등을 배울 수 있는 채널.

구독자 수 7만
영상 수 180개
대상 8〜13세
장르 교과목

👍 코딩에 관심이 있는 아이에게 추천

♥추천 Evan Era TV

Ava라는 딸을 둔 마술사 Evan 아저씨의 유튜브 채널. 전 세계를 여행하며 선보인 다양한 마술을 찍은 영상들이 있음. 아이들과 온 가족이 함께 볼 수 있는 마술 채널.

구독자 수 219만
영상 수 348개
대상 8~13세
장르 마술

👍 다양한 마술을 배우고 싶은 아이에게 강추

♥추천 Babble Dabble Do

다양한 만들기, 그리기 및 간단한 과학 실험을 하는 방법을 알려 주는 채널. 아이의 창의력과 가족 간의 유대감을 키울 수 있음.

구독자 수 2만
영상 수 231개
대상 8~11세
장르 미술/공작

👍 집에서 아이들과 할 수 있는 창의적인 놀이가 필요한 분들께 추천

♥추천 Bob Ross

추억의 Bob Ross 아저씨의 'The Joy of Painting'의 모든 에피소드를 볼 수 있는 공식 채널. Bob 아저씨의 마술 같은 그림 교실을 영어로 볼 수 있음.

구독자 수 430만
영상 수 480개
대상 8~13세
장르 미술/공작

👍 아이와 Bob 아저씨와의 추억을 나누고 싶은 분들께 추천

♡추천 **The Icing Artist**

케이크를 예술적으로 만들어 내는 Laurie 언니의 영상을 보고 있으면 모든 걱정을 잊게 함. 예쁜 케이크 만드는 과정을 보며 영어 노출도 시킬 수 있음.

👍 케이크 만들기, 요리를 좋아하는 아이에게 강추

구독자 수 421만
영상 수 298개
대상 8~13세
장르 요리

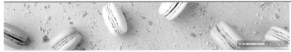

추천 **Rosanna Pansino**

여자아이들이 좋아할 만한 온갖 종류의 유튜브 콘텐츠가 있지만 'Nerdy Nummies & Recipes' 요리 영상들을 추천. 요리와 영어를 같이 배울 수 있음.

👍 요리에 관심이 많은 여자아이에게 강추

구독자 수 1,260만
영상 수 779개
대상 8~13세
장르 요리

♡추천 **Superbook**

Chris, Joy가 Gizmo라는 로봇과 함께 성경의 이야기 속으로 들어가 모험을 하며 벌어지는 일들을 그린 채널.

👍 영어로 성경의 이야기들을 들려주고 싶은 분들께 추천

구독자 수 128만
영상 수 1253개
대상 8~13세
장르 성경

♥추천 **Disney Parks**

전 세계의 디즈니 공원과 리조트 등을 소개하는 채널. 영상으로라도 디즈니 월드를 방문할 수 있는 기회를 제공해 주는 채널.

구독자 수 129만
영상 수 2,225개
대상 8~13세
장르 영화

🖒 디즈니 팬이라면 꼭 한번 봐야 하는 채널

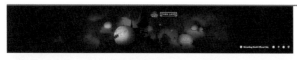

♥추천 **Wizarding World**

〈해리포터〉와 〈신비한 동물사전〉을 만든 제작사에서 운영하는 공식 유튜브 채널. 영화 장면이나 비하인드 스토리의 클립 영상을 볼 수 있는 채널.

구독자 수 42만
영상 수 368개
대상 8~13세
장르 영화

🖒 해리포터 팬이라면 강력 추천

♥추천 **The Things**

〈해리포터〉나 〈겨울왕국〉, 〈스파이더맨〉 같은 10대들이 좋아할 만한 영화와 TV 프로그램의 내용을 소재로 한 영상들을 제공하는 유튜브 채널.

구독자 수 5,230만
영상 수 1,946개
대상 8~13세
장르 영화

🖒 영화를 좋아하는 어린 친구들에게 추천

♥추천 **Walt Disney Animation Studios**

〈주토피아〉, 〈모아나〉, 〈빅 히어로 6〉 등 디즈니 애니메이션 영화를 소개하고 캐릭터 디자이너가 직접 그림 그리는 방법을 알려 주는 영상이 포함된 채널.

구독자 수 4,410만
영상 수 424개
대상 8~13세
장르 영화

👍 디즈니 캐릭터를 직접 그리고 싶은 아이에게 추천

♥추천 **Element Animation**

마인크래프트 애니메이션. 미국 공교육에서도 수업에 활용하고 있는 게임 마인크래프트의 캐릭터들의 모험을 그린 애니메이션 시리즈.

구독자 수 361만
영상 수 142개
대상 8~13세
장르 게임

👍 마인크래프트를 좋아하는 아이에게 강추

♥추천 **SethBling**

마인크래프트 게임을 하며 팁이나 다양한 정보를 알려 주는 방송. 어린이들이 봐도 문제가 안 되는 언어로 방송을 한다. 좋아하는 게임의 팁과 영어를 동시에 배울 수 있음.

구독자 수 207만
영상 수 1,073개
대상 8~13세
장르 게임

👍 마인크래프트 게임에 대해 더 알고 있다면 강추

아이의 미래를
함께 준비하는 가정

같은 책이나 영화도 언제, 어떤 상황에서 보느냐에 따라 느낌과 해석이 다르다. 영화 〈인터스텔라〉를 2014년 개봉 당시에 봤을 때, SF 영화라고 생각했다. 웜홀과 블랙홀에서 시간이 어떻게 흐르는지에 대한 상대성 이론이나, 중력의 영향으로 우주에서 시간과 공간이 왜곡되는 현상의 과학적 원리 등을 이해하는 것에만 신경을 썼다. 다양한 과학 원리를 영화적 상상력을 동원해 설명하는 감독의 연출력에 감탄했었다. 하지만 2020년 9살 현서와 이 영화를 다시 봤을 때는 완전히 새로운 것이 보였다. 환경 파괴로 더 이상 사람이 살 수 없게 된 지구에서 인류를 구할 운명을 짊어지고 우주로 간 과학자들은 절체절명의 순간 서로 다른 선택을 하게 된다. 가장 뛰어난 인재였던 만 박사(맷 데이먼)는 가족이 없었기 때문에 사람들은 그가 기꺼이 인류를 위해 희생할 것이라고 생각했다. 하지만 정작 가장 중요한 순간에 살겠다는 생존 본능을 이기지 못하고 전 인류를 위험에 빠뜨리는 선택을 하게 된다. 결국 인류의 운명을 바꾼 것은 사랑하는 딸을 다시 보고 싶은 마음, 자신의 가족을 반드시 살리겠다는 아버지 쿠퍼(매튜 맥커너히)의 사랑이었다. 인류의 마지막 미션이 실패로 돌아가게 된 순간에 그는 스스로를 희생했고, 딸을 사랑하는 아버지의 희생이 인류를 구원하는 씨앗이 되었던 것이다. 이렇게 보면 〈인터스텔라〉는 SF 영화가 아니라 가족 영화이다.

내가 그동안 해 왔던 것도 현재 우리 교육의 문제를 개선하거나 대안을 제시하려는 것은 아니다. 한 사람의 노력으로 쉽게 해결될 문제라고 생각하지 않는다. 다만 내 딸이 좋아하고 잘하는 것을 찾고, 자신의 꿈을 이루고 행복하게 살아갈 수 있도록 지원해 주고 싶은 것뿐이다. 이를 위해 딸이 성장해서 살게 될 미래에 대해 내가 알고 있는 지식을 바탕으로 함께 준비해 가는 중이다.

하지만 앞으로도 계속 이렇게 키울 수 있을까? 미래 교육 전문가들이 예측하는 대로 교육이 변하고 미래 인재상이 달라질까? 우리나라에서도 많은 변화의 조짐들이 보이고 있기는 하지만 여전히 입시 위주의 교육 환경은 그리 쉽게 바뀌지 않을 것이다. 아직 많은 사람들이 가지 않은 좁은 길을 가려다 보니 앞이 명확히 보이지는 않는다. 결국 가다가 잘 안 되면 포기하고 다른 사람들과 같은 길을 걷게 될 수도 있다. 그럼에도 불구하고 현서와 함께 가 보려고 한다.

내가 책을 쓴다고 하니 실패했던 이야기도 꼭 넣어 달라는 요청이 있었다. 현서 엄마와 마주 앉아 그런 순간을 떠올려 보려 했지만 생각이 나지 않았다. 아마 그동안은 현서한테 기대하는 것이 없어서 그랬던 것 같다. 오히려 인스타그램을 통해 현서가 주목을 받기 시작하면서 더 잘 키워야겠다는 일종의 책임감이 생겼다. 앞으로 이 책임감을 가지고 교육에 앞장서야 하겠지만 그렇다고 반드시 성과를 내야 한다는 강박 관념 때문에 현서 교육의 본질을 잊어서도 안 되겠다.

이 책은 현서의 초등학교 2학년까지의 과정을 그린 1막이라고 생각한다. 그동안은 영어에 집중을 했고 현서가 정말 좋아하는 것을 위주로 배움을 즐길 수 있도록 해 왔다. 앞으로는 현서가 장착한 영어 실력을 바탕으로 전 세계의 다양한 학습 콘텐츠를 찾아 배워 보려고 한다. 앞으로도 지금까지처럼 성공할 수 있을지는 알 수 없다. 그래도 지금까지 해 왔던 것처럼 하나씩 해 가며 SNS를 통해 엄마들과 공유할 예정이다.

책을 쓰는 과정에서도 가장 우려되는 것은 이 책이 현서 인생에 좋지 않은 영향을 끼치지 않을까 하는 것이었다. 혹시나 아빠가 남의 눈을 의식해 아이에게 아이가 원하지 않는 무엇인가를 시키거나, 지나친 기대로 인해 스트레스를 주고 자존감에 상처를 주는 일은 절대 없어야 한다고 다시 한 번 다짐해 본다. 이 책의 독자분들도 혹시 시간이 흘러 현서가 어떻게 되었는지 너무 궁금해하진 않았으면 한다. 남들이 다 아는 좋은 학교에 다니고 있지 않거나 특별한 것 없이 평범한 아이로 살고 있다고 해도 실망하지 않았으면 좋겠다. 그냥 지금처럼 항상 밝고 행복하게 사는 사람이길 기도하고, 현서가 어른이 되어서 이 책을 보고 아빠의 마음을 알아 주면 좋겠다.

리딩앤 퓨처팩 5종 · 3주 체험권

체험권 코드 : FUTUREREAD33

1. QR코드 스캔
2. 체험 코드 입력
3. '사용하기' 클릭(회원 가입 필요)
4. 리딩앤 앱/웹에서 로그인

체험권 확인하기

웅진빅박스 · 2주 무료 이용권

이용권 코드 : 8PYE-PGVW-U7UK-SNY4

1. 홈페이지 접속 playbigbox.com
2. 로그인(회원 가입 필요)
3. 상단 메뉴에서 '이용권 등록' 클릭
4. 이용권 코드 입력
5. 빅박스 앱 설치 후 로그인

이용권 확인하기

호두잉글리시 워크북&호두펜 · 할인권

할인권 코드 : F9TQS7UUVK

1. 홈페이지 접속 hodooenglish.com
2. 로그인(회원 가입 필요)
3. 마이페이지 > 할인권 관리 클릭
4. 할인권 코드 등록
5. 학습 신청 시 할인권 사용

호두잉글리시 · 1주일 체험권(모바일용)

체험권 코드 : BQHBQNBMF3

1. 홈페이지 접속 hodooenglish.com
2. 로그인(회원 가입 필요)
3. 마이페이지 > 이용권 관리 클릭
4. 체험권 코드 등록
5. 호두잉글리시M 앱 설치 후 학습

체험권 확인하기